“十三五”国家重点出版物出版规划项目

海洋机器人科学与技术丛书
封锡盛　李　硕　主编

遥控水下机器人及作业技术

张奇峰　等　著

科学出版社
龍門書局
北　京

内 容 简 介

本书介绍遥控水下机器人的发展历程和现状、运动学和动力学建模基础知识，分析其在海洋工程、打捞和科考作业等领域的作业需求和应用，针对遥控水下机器人强作业特点重点介绍遥控水下机器人常用作业工具机械手和部分专用作业工具，最后通过实例对两型遥控水下机器人系统进行较全面的描述。

本书可供海洋工程、机器人技术、机械工程、控制理论与控制工程等专业的研究生和相关领域研究人员参考。

图书在版编目(CIP)数据

遥控水下机器人及作业技术/张奇峰等著. —北京：龙门书局，2020.11

（海洋机器人科学与技术丛书 / 封锡盛, 李硕主编）

“十三五”国家重点出版物出版规划项目　国家出版基金项目

ISBN 978-7-5088-5872-2

Ⅰ. ①遥…　Ⅱ. ①张…　Ⅲ. ①水下作业机器人　Ⅳ. ①TP242.2

中国版本图书馆 CIP 数据核字(2020)第 226730 号

责任编辑：姜　红　张　震　常友丽 / 责任校对：樊雅琼

责任印制：师艳茹 / 封面设计：无极书装

科 学 出 版 社
龍 門 書 局 出版

北京东黄城根北街 16 号

邮政编码：100717

http://www.sciencep.com

中国科学院印刷厂 印刷

科学出版社发行　各地新华书店经销

*

2020 年 11 月第　一　版　开本：720 × 1000　1/16

2020 年 11 月第一次印刷　印张：10　插页：4

字数：202 000

定价：98.00 元

（如有印装质量问题，我社负责调换）

本书作者名单

（按姓氏笔画排序）

王　聪　王海龙　孔范东　田启岩

白云飞　孙　斌　孙英哲　杜林森

李　彬　李智刚　何　震　张运修

张奇峰　张竺英　陈言壮　范云龙

赵　洋　唐　实　崔胜国　霍良青

丛书前言一

浩瀚的海洋蕴藏着人类社会发展所需的各种资源，向海洋拓展是我们的必然选择。海洋作为地球上最大的生态系统不仅调节着全球气候变化，而且为人类提供蛋白质、水和能源等生产资料支撑全球的经济发展。我们曾经认为海洋在维持地球生态系统平衡方面具备无限的潜力，能够修复人类发展对环境造成的伤害。但是，近年来的研究表明，人类社会的生产和生活会造成海洋健康状况的退化。因此，我们需要更多地了解和认识海洋，评估海洋的健康状况，避免对海洋的再生能力造成破坏性影响。

我国既是幅员辽阔的陆地国家，也是广袤的海洋国家，大陆海岸线约 1.8 万千米，内海和边海水域面积约 470 万平方千米。深邃宽阔的海域内潜含着的丰富资源为中华民族的生存和发展提供了必要的物质基础。我国的洪涝、干旱、台风等灾害天气的发生与海洋密切相关，海洋与我国的生存和发展密不可分。党的十八大报告明确提出："提高海洋资源开发能力，发展海洋经济，保护海洋生态环境，坚决维护国家海洋权益，建设海洋强国。"[①]党的十九大报告明确提出："坚持陆海统筹，加快建设海洋强国。"[②]认识海洋、开发海洋需要包括海洋机器人在内的各种高新技术和装备，海洋机器人一直为世界各海洋强国所关注。

关于机器人，蒋新松院士有一段精彩的诠释：机器人不是人，是机器，它能代替人完成很多需要人类完成的工作。机器人是拟人的机械电子装置，具有机器和拟人的双重属性。海洋机器人是机器人的分支，它还多了一重海洋属性，是人类进入海洋空间的替身。

海洋机器人可定义为在水面和水下移动，具有视觉等感知系统，通过遥控或自主操作方式，使用机械手或其他工具，代替或辅助人去完成某些水面和水下作业的装置。海洋机器人分为水面和水下两大类，在机器人学领域属于服务机器人中的特种机器人类别。根据作业载体上有无操作人员可分为载人和无人两大类，其中无人类又包含遥控、自主和混合三种作业模式，对应的水下机器人分别称为无人遥控水下机器人、无人自主水下机器人和无人混合水下机器人。

---

① 胡锦涛在中国共产党第十八次全国代表大会上的报告. 人民网，http://cpc.people.com.cn/n/2012/1118/c64094-19612151.html

② 习近平在中国共产党第十九次全国代表大会上的报告. 人民网，http://cpc.people.com.cn/n1/2017/1028/c64094-29613660.html

无人水下机器人也称无人潜水器，相应有无人遥控潜水器、无人自主潜水器和无人混合潜水器。通常在不产生混淆的情况下省略“无人”二字，如无人遥控潜水器可以称为遥控水下机器人或遥控潜水器等。

世界海洋机器人发展的历史大约有70年，经历了从载人到无人，从直接操作、遥控、自主到混合的主要阶段。加拿大国际潜艇工程公司创始人麦克法兰，将水下机器人的发展历史总结为四次革命：第一次革命出现在20世纪60年代，以潜水员潜水和载人潜水器的应用为主要标志；第二次革命出现在70年代，以遥控水下机器人迅速发展成为一个产业为标志；第三次革命发生在90年代，以自主水下机器人走向成熟为标志；第四次革命发生在21世纪，进入了各种类型水下机器人混合的发展阶段。

我国海洋机器人发展的历程也大致如此，但是我国的科研人员走过上述历程只用了一半多一点的时间。20世纪70年代，中国船舶重工集团公司第七〇一研究所研制了用于打捞水下沉物的“鱼鹰”号载人潜水器，这是我国载人潜水器的开端。1986年，中国科学院沈阳自动化研究所和上海交通大学合作，研制成功我国第一台遥控水下机器人“海人一号”。90年代我国开始研制自主水下机器人，“探索者”、CR-01、CR-02、“智水”系列等先后完成研制任务。目前，上海交通大学研制的“海马”号遥控水下机器人工作水深已经达到4500米，中国科学院沈阳自动化研究所联合中国科学院海洋研究所共同研制的深海科考型ROV系统最大下潜深度达到5611米。近年来，我国海洋机器人更是经历了跨越式的发展。其中，“海翼”号深海滑翔机完成深海观测；有标志意义的“蛟龙”号载人潜水器将进入业务化运行；“海斗”号混合型水下机器人已经多次成功到达万米水深；“十三五”国家重点研发计划中全海深载人潜水器及全海深无人潜水器已陆续立项研制。海洋机器人的蓬勃发展正推动中国海洋研究进入“万米时代”。

水下机器人的作业模式各有长短。遥控模式需要操作者与水下载体之间存在脐带电缆，电缆可以源源不断地提供能源动力，但也限制了遥控水下机器人的活动范围；由计算机操作的自主水下机器人代替人工操作的遥控水下机器人虽然解决了作业范围受限的缺陷，但是计算机的自主感知和决策能力还无法与人相比。在这种情形下，综合了遥控和自主两种作业模式的混合型水下机器人应运而生。另外，水面机器人的引入还促成了水面与水下混合作业的新模式，水面机器人成为沟通水下机器人与空中、地面机器人的通信中继，操作者可以在更远的地方对水下机器人实施监控。

与水下机器人和潜水器对应的英文分别为 underwater robot 和 underwater vehicle，前者强调仿人行为，后者意在水下运载或潜水，分别视为“人”和“器”，海洋机器人是在海洋环境中运载功能与仿人功能的结合体。应用需求的多样性使得运载与仿人功能的体现程度不尽相同，由此产生了各种功能型的海洋机器人，如观察型、作业型、巡航型和海底型等。如今，在海洋机器人领域 robot 和 vehicle 两词的内涵逐渐趋同。

信息技术、人工智能技术特别是其分支机器智能技术的快速发展，正在推动海洋机器人以新技术革命的形式进入“智能海洋机器人”时代。严格地说，前述自主水下机器人的“自主”行为已具备某种智能的基本内涵。但是，其“自主”行为泛化能力非常低，属弱智能；新一代人工智能相关技术，如互联网、物联网、云计算、大数据、深度学习、迁移学习、边缘计算、自主计算和水下传感网等技术将大幅度提升海洋机器人的智能化水平。而且，新理念、新材料、新部件、新动力源、新工艺、新型仪器仪表和传感器还会使智能海洋机器人以各种形态呈现，如海陆空一体化、全海深、超长航程、超高速度、核动力、跨介质、集群作业等。

海洋机器人的理念正在使大型有人平台向大型无人平台转化，推动少人化和无人化的浪潮滚滚向前，无人商船、无人游艇、无人渔船、无人潜艇、无人战舰以及与此关联的无人码头、无人港口、无人商船队的出现已不是遥远的神话，有些已经成为现实。无人化的势头将冲破现有行业、领域和部门的界限，其影响深远。需要说明的是，这里“无人”的含义是人干预的程度、时机和方式与有人模式不同。无人系统绝非无人监管、独立自由运行的系统，仍是有人监管或操控的系统。

研发海洋机器人装备属于工程科学范畴。由于技术体系的复杂性、海洋环境的不确定性和用户需求的多样性，目前海洋机器人装备尚未被打造成大规模的产业和产业链，也还没有形成规范的通用设计程序。科研人员在海洋机器人相关研究开发中主要采用先验模型法和试错法，通过多次试验和改进才能达到预期设计目标。因此，研究经验就显得尤为重要。总结经验、利于来者是本丛书作者的共同愿望，他们都是在海洋机器人领域拥有长时间研究工作经历的专家，他们奉献的知识和经验成为本丛书的一个特色。

海洋机器人涉及的学科领域很宽，内容十分丰富，我国学者和工程师已经撰写了大量的著作，但是仍不能覆盖全部领域。“海洋机器人科学与技术丛书”集合了我国海洋机器人领域的有关研究团队，阐述我国在海洋机器人基础理论、工程技术和应用技术方面取得的最新研究成果，是对现有著作的系统补充。

“海洋机器人科学与技术丛书”内容主要涵盖基础理论研究、工程设计、产品开发和应用等，囊括多种类型的海洋机器人，如水面、水下、浮游以及用于深水、极地等特殊环境的各类机器人，涉及机械、液压、控制、导航、电气、动力、能源、流体动力学、声学工程、材料和部件等多学科，对于正在发展的新技术以及有关海洋机器人的伦理道德社会属性等内容也有专门阐述。

海洋是生命的摇篮、资源的宝库、风雨的温床、贸易的通道以及国防的屏障，海洋机器人是摇篮中的新生命、资源开发者、新领域开拓者、奥秘探索者和国门守卫者。为它“著书立传”，让它为我们实现海洋强国梦的夙愿服务，意义重大。

本丛书全体作者奉献了他们的学识和经验，编委会成员为本丛书出版做了组织和审校工作，在此一并表示深深的谢意。

本丛书的作者承担着多项重大的科研任务和繁重的教学任务，精力和学识所限，书中难免会存在疏漏之处，敬请广大读者批评指正。

中国工程院院士 封锡盛

2018年6月28日

丛书前言二

改革开放以来，我国海洋机器人事业发展迅速，在国家有关部门的支持下，一批标志性的平台诞生，取得了一系列具有世界级水平的科研成果，海洋机器人已经在海洋经济、海洋资源开发和利用、海洋科学研究和国家安全等方面发挥重要作用。众多科研机构和高等院校从不同层面及角度共同参与该领域，其研究成果推动了海洋机器人的健康、可持续发展。我们注意到一批相关企业正迅速成长，这意味着我国的海洋机器人产业正在形成，与此同时一批记载这些研究成果的中文著作诞生，呈现了一派繁荣景象。

在此背景下“海洋机器人科学与技术丛书”出版，共有数十分册，是目前本领域中规模最大的一套丛书。这套丛书是对现有海洋机器人著作的补充，基本覆盖海洋机器人科学、技术与应用工程的各个领域。

“海洋机器人科学与技术丛书”内容包括海洋机器人的科学原理、研究方法、系统技术、工程实践和应用技术，涵盖水面、水下、遥控、自主和混合等类型海洋机器人及由它们构成的复杂系统，反映了本领域的最新技术成果。中国科学院沈阳自动化研究所、哈尔滨工程大学、中国科学院声学研究所、中国科学院深海科学与工程研究所、浙江大学、华侨大学、东华理工大学等十余家科研机构和高等院校的教学与科研人员参加了丛书的撰写，他们理论水平高且科研经验丰富，还有一批有影响力的学者组成了编辑委员会负责书稿审校。相信丛书出版后将对本领域的教师、科研人员、工程师、管理人员、学生和爱好者有所裨益，为海洋机器人知识的传播和传承贡献一份力量。

本丛书得到 2018 年度国家出版基金的资助，丛书编辑委员会和全体作者对此表示衷心的感谢。

“海洋机器人科学与技术丛书”编辑委员会

2018 年 6 月 27 日

前　言

自主水下机器人[又称自治式潜水器(autonomous underwater vehicle, AUV)]、遥控水下机器人[又称遥控潜水器(remotely operated vehicle, ROV)]和载人潜水器(human occupied vehicle, HOV)等海洋机器人是当前深海探测与作业的主要手段。在几类深海机器人中，ROV 作业能力最强，在石油平台工程服务、深海打捞及科考作业中得到广泛应用，4500m 以浅的 ROV 平台技术已较为成熟。国外有 4500m ROV 整机和相关配套设备较为成熟的产品，也可以定制 6000m 级的 ROV 装备；我国近年来 ROV 相关技术进步迅速，逐步形成 ROV 相关设备配套能力，研制形成几款 6000m 以浅不同深度等级的 ROV 装备。

本书以帮助读者了解和认识 ROV 系统及其深海作业为目标。第 1 章介绍 ROV 类型及特点、发展历程和现状；尽管 ROV 以人在回路遥控操作为主，但其动力学模型对其鲁棒控制起到关键作用，尤其是近年来 ROV 的自动化、自主化、少人化发展趋势明显，本书第 2 章介绍 ROV 运动学和动力学建模基础知识，用于更好地了解 ROV 的控制问题；第 3 章重点介绍并分析作业型 ROV 的深海作业需求和应用，涉及海洋石油平台、深海打捞和科考作业，以帮助读者更好地理解 ROV 在深海进入、深海探测和深海开发方面的巨大潜力；ROV 的强作业能力离不开强有力的工具，第 4 章对 ROV 作业工具进行介绍，重点介绍 ROV 用深海液压机械手，结合案例系统地介绍我国 7000m 深海液压机械手样机情况，同时对轻作业 ROV 未来携带的电动机械手也进行了介绍和分析，并简要介绍了专用作业工具；第 5、6 章围绕 1000m 和 6000m ROV 两个案例，分别介绍有中继器模式的液压驱动 ROV 和无中继器模式的电动 ROV 系统组成及 6000m 科考应用情况。

本书第一作者自 2003 年在中国科学院沈阳自动化研究所攻读博士至毕业留所工作，一直从事 ROV、深海机械手装备研发及作业技术研究，主持实施和全程参与多项 ROV 和深海机械手装备研发工作，并熟悉 ROV 设计、装调、海试、应用及维护保障等工作，密切跟踪国际 ROV 发展趋势。作者一直认为 ROV 除了是当前作业能力最强的海洋机器人技术平台外，也是与人工智能可以较快融合发展及与新技术快速验证应用的技术平台；对 6000m 以深 ROV、超大功率 ROV、深海驻留 ROV 及基于卫星通信遥控操作的 ROV 技术发展充满期望，同时对深海机械手和ROV作业技术发展也充满期望。希望本书对致力于ROV技术发展的科研人员有所帮助，助力科研人员和相关专业研究生全面了解和认识ROV，为掌握ROV相关知识和技术奠定基础。

由于作者知识水平和实践经验有限，书中难免存在不妥之处，恳请广大读者批评指正。

作 者

2020年7月8日

目　　录

1

绪　论

1.1　遥控水下机器人的定义与发展

1.1.1　遥控水下机器人的定义

遥控水下机器人也称遥控潜水器(ROV)，具有高机动性，因样式繁多，目前世界上还没有相关机构给出其标准定义。ROV 本体通过脐带缆与水面控制台相连接，水面控制台通过脐带缆向 ROV 本体传输动力、控制信号等，ROV 本体也通过脐带缆向控制台传回视频、图像信息以及传感器采集到的数据[1]。

根据配置不同，ROV 系统可分为有中继器与无中继器两种模式。无中继器的 ROV 系统(图 1.1)主要由 ROV 本体、脐带缆、水面收放系统、控制系统的水面单元和动力分配单元等组成，其布放主要通过甲板绞车牵引主脐带缆吊放，作业范围取决于脐带缆挂载浮球数[2]。

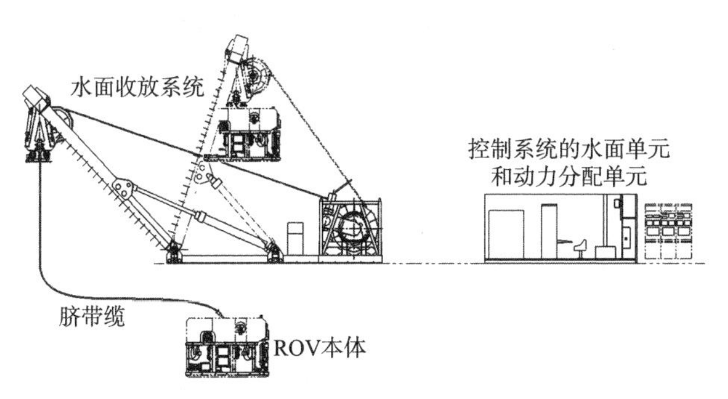

图 1.1　无中继器的 ROV 系统

对于含有系缆管理系统(tether management systems，TMS，常称为中继器)的 ROV 系统，TMS 用于储存和收放 ROV 系缆。为了保持 ROV 本体在水下具有良好的动作灵活性、运动平稳性和操控性，消除或减小水面的扰动对 ROV 的影响，并增大 ROV 本体的作业半径，传统 ROV 系统一般在 ROV 本体与甲板吊放系统之间设置中继器[3]。有中继器的 ROV 系统(图 1.2)主要由控制系统的水面单元和动力分配单元、水面收放系统、脐带缆、中继器和 ROV 本体五个部分组成。有中继器的 ROV 系统在小范围精确作业的操纵性好，但是中继器与 ROV 本体水下分离和对接时具有一定难度。

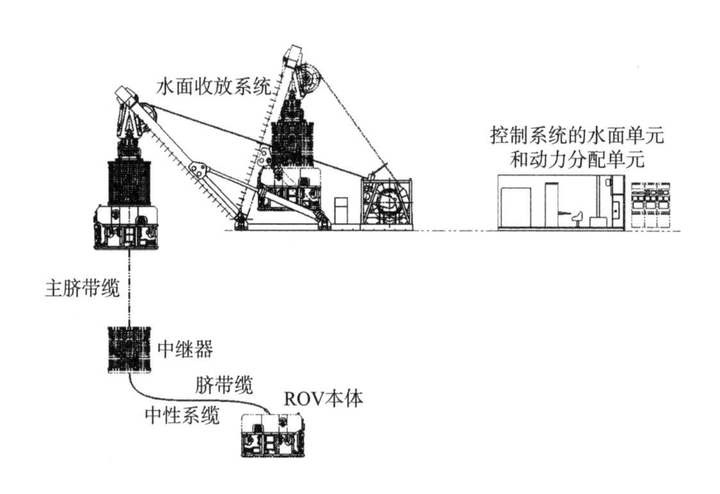

图 1.2　有中继器的 ROV 系统

ROV 系统最大的特点就是能在大深度和危险的环境中完成高强度、大负荷的作业，且水下工作时间长、操作方便。因此，ROV 系统应用范围非常广泛，在深海作业中有着不可替代的作用，包括海洋资源调查、海底地貌地形绘制、海洋环境监测、海底管道的铺设和检修、海底石油和天然气的开采、海洋平台的检测维修、援潜救生，以及深海海底观测组网设备的布放、安装、连接、维护/维修等[4]。

1.1.2　遥控水下机器人的发展

ROV 是最早得到研究和开发的一类水下机器人，其发展历程大致可分为以下三个阶段。

1. 第一阶段

1953～1974 年是 ROV 发展的第一阶段，主要经历了从无到有及早期开发研制阶段。

被普遍认可的世界上第一台 ROV 是 1953 年由 Dimitri Rebikoff 设计开发的“Poodle”(图 1.3)，开启了 ROV 的研究篇章，是 ROV 发展史上的重要开端[5]。1965 年，美国军方研制出了缆控水下回收潜水器(cable-controlled underwater recovery vehicle，CURV)(图 1.4)，并于 1966 年在西班牙外海用它打捞出一枚曾丢失在海里的氢弹，引起了世界的广泛关注，它是世界上最早的实用型 ROV[6]。1973 年，CURV-III 在爱尔兰海面水深 480m 处，成功地把缆绳系在沉没的载人潜水器 PISCES-III 上，并救出两名潜航员[7]。

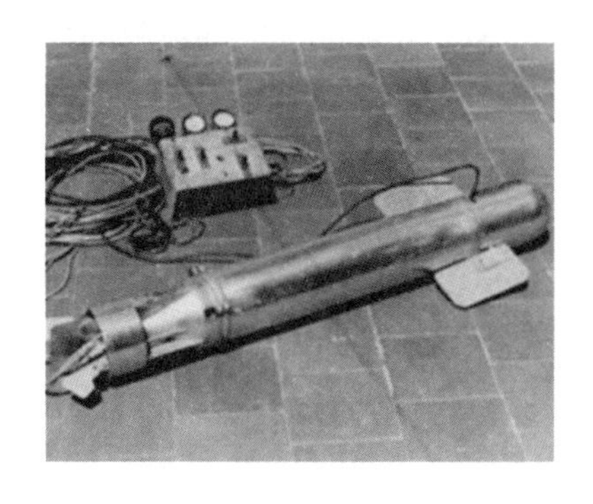

图 1.3　世界上第一台 ROV

图 1.4　世界上最早的实用型 ROV——CURV

2. 第二阶段

1975～1985 年是 ROV 发展的第二阶段，也是 ROV 的迅速发展时期。20 世纪 70～80 年代，石油危机促使海底石油开发技术急速发展，对深海作业工具的迫切需求促进了 ROV 技术的高速发展。1975 年，Hydro Production 公司研发了第一台商业化的 ROV——RCV-125(图 1.5)，其主要任务是进行水下管道的连接和水下钻井[8]。20 世纪 80 年代中期，石油价格下滑和全球经济衰退，导致 ROV 技术发展停滞。但随后 ROV 的发展又有了快速回升，至 20 世纪 80 年代后期，ROV 的制造厂商已有 20 多家，总体上形成了庞大的 ROV 产业。此后，ROV 行业技术步伐加快，在许多领域都有应用[9]。

图 1.5　世界上第一台商业化 ROV——RCV-125(左)

3. 第三阶段

从 1986 年至今是 ROV 发展的第三阶段，世界各国相继开展了对大深度 ROV 的技术研究或产品开发，ROV 的发展进入了一个新的时期。

20 世纪 80 年代以来，美国、法国、英国、日本、加拿大、挪威等国都建成了 ROV 研究机构或实验室，加快了 ROV 的全面技术革新步伐。值得一提的是日本海洋科学技术中心（Japan Marine Science and Technology Center，JAMSTEC）研制的 KAIKO（海沟号）ROV（图 1.6），于 1995 年在马里亚纳海沟下潜到 10911m，创造了无人潜水器的最深下潜纪录[10-11]。我国 ROV 的研发工作也紧跟国际发展，国内从事 ROV 研究开发的科研机构主要有中国科学院沈阳自动化研究所、上海交通大学、哈尔滨工程大学等。中国科学院沈阳自动化研究所研制的“海星 6000”ROV（图 1.7），于 2017 年在南海完成首次下潜，是国内首台 6000m 级 ROV[12]。

图 1.6　KAIKO ROV

图 1.7　“海星 6000”ROV

1.2　遥控水下机器人的分类

为了应对海洋调查的任务多样性以及水下作业的多样性，不同构造、面向不同作业任务的 ROV 被研制出来。根据大小和特性，ROV 可分为以下四类[8]。

1. 观测型 ROV

观测型 ROV（图 1.8）主要用于海底资源探测、电缆检查等[13]。观测型 ROV 通常较小，一般重量在 100kg 以内；工作深度一般不大于 300m，多用于执行浅水任务。有些观测型 ROV 配有液压剪、轻小型机械手等作业工具，图 1.9 中的 ROV 配有单功能机械手，但作业能力有限，主要任务仍是观测[14]。

图 1.8 观测型 ROV

图 1.9 带有机械手的观测型 ROV

2. 中型 ROV

中型 ROV 的重量为 100～1000kg 不等，它们能够在更长的脐带缆牵引下实现更深的深度，可以说是观测型 ROV 的加深版。有的中型 ROV(图 1.10)配有液压驱动的工具包、机械手等作业工具，能进行中等负载水下作业[8]。由于其重量的加大，通常需要配置中继器。

3. 作业型 ROV

作业型 ROV 主要用于石油工程、深海资源探测开发、深海科考等。与中型 ROV 相比，作业型 ROV 体型更大，为了更好地完成作业，其既有观测型 ROV 的功能，如配备了光源、摄像机、声呐、传感器等设备，又有作业功能，如安装了多功能机械手。研发初期，作业型 ROV 主要用于海底石油开采，受制于石油初期开采的深度限制，作业型 ROV 的工作深度并不大。但随着技术的发展，相继出现了多种大深度的作业型 ROV。图 1.11 为美国伍兹霍尔海洋研究所(Woods Hole Oceanographic Institution，WHOI)研发的 Jason II 号作业型 ROV，工作深度可达 6500m[15-16]。

图 1.10 中型 Sea Trepid Comanche ROV

图 1.11 Jason II 号作业型 ROV

4. 特殊用途的 ROV

浮游式 ROV 可用于水下观测和作业，而其他特殊用途的非浮游式 ROV 包括履带/浮游混合式、履带式等形式。

履带/浮游混合式 ROV 多用于水下喷水挖掘、埋缆与电缆维护，具有浮游和履带爬行两种运动模式，现有成熟产品中，比较典型的有意大利 Saipem(Sonsub)公司的 Centaur ROV(图 1.12)[17]，英国 Perry Slingsby Systems 公司的 TRITON 系列埋缆 ROV 以及 Canyon 公司 I-trencher 系列 ROV。

履带式 ROV 的研究主要集中在海底矿物的开采设备上。海底作业车基本上采用履带车方式。加拿大鹦鹉螺矿业公司提出将在巴布亚新几内亚采用履带式海底集矿机(图 1.13)作为多金属硫化物的开采作业车[18]。

图 1.12　Centaur ROV

图 1.13　履带式海底集矿机样机

1.3　遥控水下机器人国内外发展现状

1.3.1　国外 4500m 以浅遥控水下机器人发展现状

早期浅水区域一般由潜水员完成作业，随着深度的增大，出现了潜水员、载人潜水器和 ROV 三者并存的局面。20 世纪 70 年代后期，ROV 成为水下作业的主要工具，此时出现了大批的 ROV 制造厂商，到 80 年代后期已有 20 多家。与此同时还出现了专门生产 ROV 推进器、水下照明灯、机械手等配套设备的企业，形成了 ROV 产业链。目前 ROV 的型号已有百余种，全世界已有几百家厂商提供各种 ROV、ROV 零部件以及 ROV 服务等。表 1.1 为国外几家观测型 ROV 的代表厂商及其产品。

表 1.1　国外观测型 ROV 代表厂商及其产品

国别	厂商名称	代表产品	产品参数
加拿大	ISE	LCROV	重 54kg，下潜深度 360m
美国	Deep Ocean Engineering	VideoRay	重 5kg，下潜深度 305m
	Teledyne SeaBotix	LBV15OSE2	重 10.4kg，下潜深度 150m
法国	ECA Group	ROV H300	重 65kg，下潜深度 300m
意大利	LIGHTHOUSE Equipment	PERSEO	重 80kg，下潜深度 600m
瑞典	SAAB	Double Eagle	重 400kg，下潜深度 500m

当前，除了观测型 ROV，4500m 以浅的作业型 ROV 系统已实现产业化。根据英国油田技术杂志（*Oilfield Technology*）2014 年的调查，在全球以 Oceaneering International、Perry Slingsby Systems、SMD（Soil Machine Dynamics Ltd.）及 Schilling Robotics 四家公司生产的 ROV 市场占有率为最高，曾占全球 ROV 销量的 76%（图 1.14）。其中，3000～4000m 深度的中作业型和重作业型 ROV 为主流，约 1100 台此类 ROV 围绕海洋工程服役[19]。

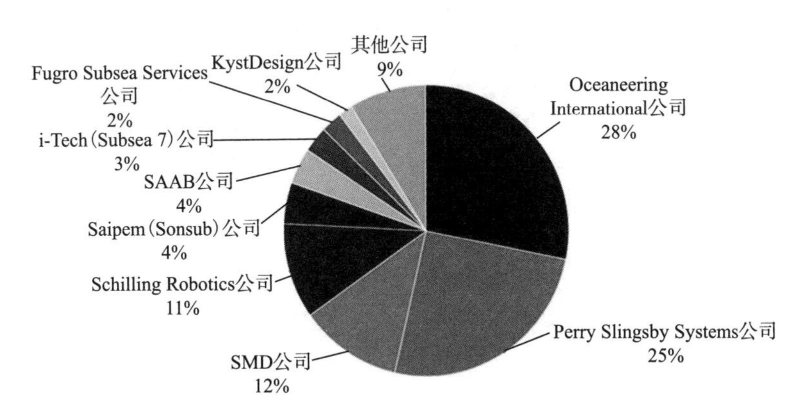

图 1.14　各 ROV 公司产品市场占有份额（见书后彩图）

表 1.2 给出了国外当前具有代表性的几家作业型 ROV 厂商产品及指标。

表 1.2　国外作业型 ROV 代表厂商及其产品

国别	厂商名称	产品深度等级	产品主要型号	典型产品级主要参数
美国	Schilling Robotics	4000m	作业型：HD 强作业型：UHD-II 超强作业型：UHD-III	型号：UHD-III 功率：250hp 深度：4000m 重量：5500kg

续表

国别	厂商名称	产品深度等级	产品主要型号	典型产品级主要参数
英国	SMD	4000m 及以浅	超紧凑作业型：Quantum 通用作业型：Atom 强作业型：Quasar	型号：Quasar 功率：200hp 深度：4000m 重量：5000kg
法国	Fugro Subsea Services	3000m 及以浅	观察型：Seaeye 系列 中作业型：Seaeye 系列 重作业型：FCV 系列	型号：FCV3000 功率：200hp 深度：3000m 重量：4200kg

注：hp(马力)为英制功率单位，1hp=745.7W

1.3.2 国外 6000m 以深遥控水下机器人发展现状

随着 ROV 技术水平的整体发展及深海科考应用需求的不断增多，6000～11000m ROV 装备的研制、应用逐渐受到各海洋大国的重视。这些 ROV 多用于科考，大多数为科研院所所拥有，个别 ROV 活跃在深海沉船、飞机残骸及沉弹的搜索打捞方面。

法国海洋开发研究院(French Research Institute for Exploitation of the Sea, IFREMER)研制的 Victor 6000 ROV(图 1.15)，最大下潜深度达到6000m。它于 1997 年服役，至 2002 年底，它的下潜总时长达到 3200h，其主要被用于海洋生态系统的科学调查和监测。在未来的改进中，研究人员计划进一步提高它的可靠性，使其可以长时间在海底进行作业[20]。

日本海洋科学技术中心研发的 KAIKO 7000 II ROV(图 1.16)最大下潜深度可

图 1.15 Victor 6000 ROV

图 1.16 KAIKO 7000 II ROV

达 7000m，其主要用于深海科考，包括海底沉积物的采样、微生物的获取和深海环境的探测等。KAIKO ROV 的本体在 2003 年 5 月发生的事故中丢失。为取代它，日本海洋科学技术中心将 7000m 级的光纤缆线型 ROV UROV7K 进行改造，经改装后与 KAIKO 的中继器集成在一起，创造出新的 KAIKO 7000 II[21]。

荷兰 Argus 研制生产的 Argus Bathysaurus XL ROV（图 1.17）最大下潜深度可达 6000m，其可用于海底设备检查和维护维修、海底电缆安装等[22]。

美国 Phoenix International 公司设计制造的 REMORA III ROV（图 1.18）最大下潜深度可达 6000m，其主要用于海缆铺设、沉船打捞以及科学探查和采样[23]。

图 1.17　Argus Bathysaurus XL ROV

图 1.18　REMORA III ROV

国外在役的几款 6000m 以深 ROV 型号及主要指标见表 1.3。

表 1.3　国外在役 6000m 以深 ROV

型号	国别	载体尺寸	空气中重量/kg	最大下潜深度/m	载体功率/kW	驱动方式	最大前进速度/kn	主要用途/特点
Jason II	美国	长 3.4m，宽 2.2m，高 2.4m	4128	6500	26	电动	1.5	科学考察
Victor 6000	法国	长 3.1m，宽 1.8m，高 2.1m	4000	6000	23	电动	1.5	科学考察、着陆器联合作业、极地考察
KAIKO 7000 II	日本	长 3.0m，宽 2.0m，高 2.1m	3900	7000	66	电动	3.0	科学考察、地震监测传感器布放与回收
Argus 6000	荷兰	长 2.5m，宽 1.6m，高 1.6m	2900	6000	73.5	电动	3.0	工具及传感器标配产品
REMORA III	美国	长 1.8m，宽 1.2m，高 2.2m	2000	6000	29.4	电动	2.0	浮标及失事航班、沉船打捞

注：kn（节）为速度单位，1kn=1 n mail/h≈0.5m/s

日本海洋科学技术中心牵头研制的 11000m 潜深的 KAIKO ROV 是超大深度 ROV 的典型代表(图 1.19)，其主要技术指标见表 1.4，是为了了解地壳构造和探测海底资源而研制。该 ROV 于 1986 年开始研究论证，1990 年正式投入建造，1995 年建造成功并投入水下作业。KAIKO ROV 竣工后，总共完成了 296 次深水调查作业任务，平均每年进行 40 次。1995 年 3 月 24 日，它下潜到世界最深的海底——马里亚纳海沟查林杰海渊，并在 10911m 海底布放了标志物[10-11]。2003 年 5 月 29 日，KAIKO ROV 在 4675m 海底完成收集地震观测数据后的回收过程中本体丢失。

图 1.19　KAIKO ROV 海沟区置放标志物

表 1.4　KAIKO ROV 主要参数及配置

指标	尺寸	空气中重量/kg	水中重量/kg	航速/kn	主要配置
中继器	长 5.2m 宽 2.6m 高 3.2m	5300	3200	1.5	温盐深仪、测扫声呐、海底剖面仪、短基线接收器、超短基线接收器、应答器、障碍物回避声呐、测高声呐、罗经、姿态传感器
ROV 本体	长 3.1m 宽 2.0m 高 2.3m	5600	−10	2.0(前进) 1.0(侧移) 1.0(上浮/下潜)	彩色摄像机、黑白摄像机、高度计、深度计、7 自由度机械手 2 台、障碍物回避声呐、罗经、姿态传感器、应答器、4 个水平推进器、3 个垂直推进器

KAIKO ROV 的一套操作理念是别的 ROV 所不具备的:在深度 6500m 以浅，可以单独使用中继器拖曳航行，利用侧扫声呐和浅地层剖面仪调查海底地形、地层，拖曳航行速度最大 1.5kn；在深度 6500m 以深，中继器和本体可以分离拖曳航行调查，中继器进行声学调查，本体进行光学调查，这样可以扩大调查范围。

日本海洋科学技术中心在 KAIKO ROV 丢失后研制了 ABISMO ROV，它是可到达 11000m 海域的履带/浮游混合式 ROV，见图 1.20，主要参数见表 1.5[24]。

图 1.20　ABISMO ROV 系统

表 1.5　ABISMO ROV 主要技术指标

技术指标	ROV 本体	中继器
最大深度/m	11000	11000
尺寸	长 1.2m，宽 0.8m，高 0.9m	长 2.5m，宽 1.5m，高 2.7m
负载能力/kg	5	200
推进器	前向：2 个 400W 垂向：2 个 400W	前向：2 个 1000W
履带	单侧履带：2 个 400W 最大行走速度：50m/min 攀岩能力：200mm	—
取样工具	迷你机械手	重力岩心取样器：2m，90kg 抓取器：一侧 20cm，60kg
设备	深度计、陀螺仪、 NTSC 电视摄像机	高度计(200kHz，300m 范围)、 深度计以及陀螺仪、 温盐深仪，声速仪(用来定位 ROV)、 NTSC 电视摄像机、高清摄像机
照明灯	卤素灯(500W)及 LED 阵列	卤素灯(500W)及 LED 阵列
定位设备	SBL、水声应答器	水听器 4 个、SBL、水声应答器

注：NTSC[National Television System Committee，(美国)国家电视系统委员会]，LED(light emitting diode，发光二极管)，SBL(short base line，短基线)

1.3.3 国内深海遥控水下机器人发展现状

国内深海 ROV 以中国科学院沈阳自动化研究所和上海交通大学两家单位研制为主。

中国科学院沈阳自动化研究所研制了 1000m、100hp 作业型 ROV（图 1.21），其系统组成包括水面控制系统、水面收放系统、中继器及 ROV 本体，这种配置模式也是当前 ROV 装备较为齐全的配置模式。该 ROV 系统自 2005 年开始研制，主要用于水下沉积物的搜索、观察、打捞，以及对预定海域的水下环境进行探测考察等。

中国科学院沈阳自动化研究所主持研制的深海科考型 ROV“海星 6000”（图 1.7），是我国自主研制的首套 6000m 级 ROV 装备，于 2017 年 9 月末至 10 月完成两个 6000m 级潜次，创我国 ROV 下潜的最深纪录。“海星 6000”可在近海底长期开展海洋环境调查、生物多样性调查、新物种发现、基因获取、深海极端环境原位探测和深海矿产资源调查等深海科考工作，为我国深海科学研究提供强大的技术支撑。

图 1.21 三套 1000m、100hp ROV

上海交通大学研制的国内深海作业型 ROV 的典型代表是“海龙 II” ROV（图 1.22），其最大工作深度 3500m，功率 125hp，拥有完备组成的深水作业型 ROV 系统，系统包含中继器和主动升沉补偿绞车[25-26]。2009 年交付使用，在中国大洋第 21、22、26、30 等全球科考航次中有多次成功应用。

在“十一五”期间的国家高技术研究发展计划（863 计划）项目支持下，上海交通大学研制的 4500m“海马”号 ROV（图 1.23）于 2014 年完成了 4500m 海上试验，是国内首套 4500m 级 ROV，实现了装备系统的国产化，具有重要的战略意义[27-28]。

图 1.22 “海龙 II”ROV

图 1.23 “海马”号 ROV

1.3.4 新型遥控水下机器人发展现状

融合远程操控、多媒体及虚拟现实技术是当前新型 ROV 系统的特点，拟逐渐降低对现场操作的依赖。

英国 Oceaneering International 公司在 2016 年成功实现了通过卫星通信操控 ROV（图 1.24）。NEXXUS ROV（图 1.25）装载在 Olympic Intervention IV Vessel 上出海实验，通过使用内场高带宽无线连接或卫星连接，可以从另一个远程位置在岸上远程操控 ROV。该实验系统还具有预编程自动操控功能，使操控员不必完全依赖操纵杆。视频处理软件使用机器视觉技术分析视频，并通过视频发送给 ROV 控制系统定位数据以控制推进器并移动 ROV[29]。

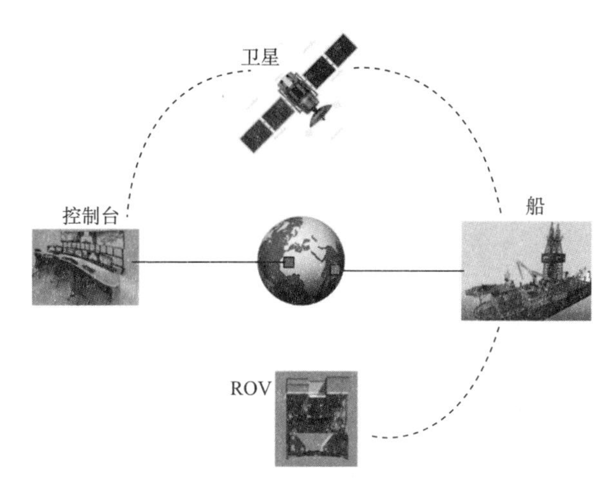

图 1.24 基于卫星通信操控的 ROV 概念图

DexROV 是一个由欧盟 Horizon 2020 资助的为期三年半的项目，主要研究开发海上新服务能力，包括基于卫星通信的 ROV 远距离遥控操作能力、远距离仿人灵巧操作能力、半自主导航和作业能力[30]。DexROV 开发了一种实时仿真环境，该环境允许操作人员在岸上进行实时交互(特别是力反馈与触觉反馈)。依靠 ROV 的感知与建模能力，仿真系统将在线建立水下环境的厘米级三维模型。一个认知引擎将操作人员的原始动作解释为操作和导航行为，ROV 可以在真实环境中自主处理和实现。DexROV 的实验载体为 SubAtlantic 公司生产的 APACHE Comex(图 1.26)，外形尺寸为 900mm×700mm×620mm，空气中质量为 140kg，负载能力为 35kg。

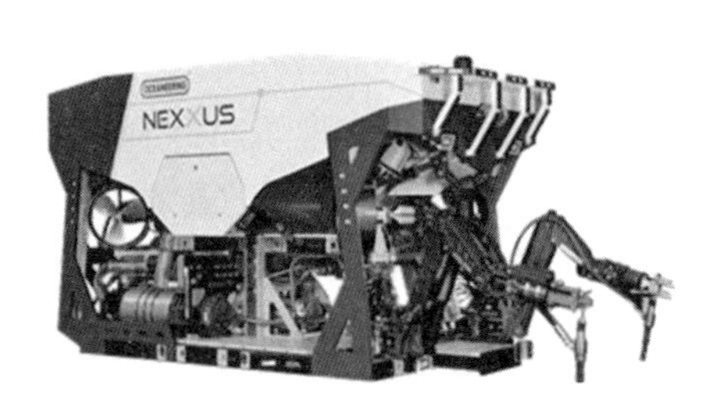

图 1.25　NEXXUS ROV

图 1.26　APACHE Comex

1.4　本章小结

ROV 发展已近 70 年的历史，其系统特点和较强的作业能力决定了其在海洋机器人中的受重视程度并得到迅速发展。国外 ROV 总体技术水平较高，4500m 以浅 ROV 平台技术逐渐成熟，已形成产业化，更多的研究聚焦于其作业技术和作业能力，4500m 以深的 ROV 主要用于科考和深海打捞；国内具备研制 6000m 以浅 ROV 平台的技术能力，但未形成产业化，6000～11000m ROV 装备国内仍属空白。

6000～11000m ROV 平台技术以及新型 ROV 系统所融入新技术的研究攻关是未来一段时间 ROV 领域发展的热点。

参 考 文 献

[1]　蒋新松, 封锡盛, 王棣棠. 水下机器人[M]. 沈阳: 辽宁科学技术出版社, 2000.

[2]　陈宗恒, 盛堰, 胡波. ROV 在海洋科学科考中的发展现状及应用[J]. 科技创新与应用, 2014(21): 3-4.

[3] 赵俊海, 张美荣, 王帅, 等. ROV中继器的应用研究及发展趋势[J]. 中国造船, 2014, 55(3): 222-232.

[4] 许竞克, 王佑君, 侯宝科, 等. ROV的研发现状及发展趋势[J]. 四川兵工学报, 2011, 32(4): 71-74.

[5] Vukić Z, Miskovic N. State and perspectives of underwater robotics-role of laboratory for underwater systems and technologies[J]. Annals of Maritime Studies/Pomorski Zbornik, 2016, Special Issue, 15-27.

[6] 1965-CURV Cable-controlled Underwater Recovery Vehicle-Jack L. Sayer Jr. (Ame-rican) [EB/OL]. (2015-07-04) [2020-07-11]. http://cyberneticzoo.com/underwater-robotics/1965-curv-cable-controlled-underwater-recovery-vehicle-jack-l-sayer-jr-american/.

[7] CURV[EB/OL]. (2019-09-21) [2020-07-11]. https://en.wikipedia.org/wiki/CURV.

[8] Christ R D, Wernli R L. The ROV Manual: A User Guide for Remotely Operated Vehicles[M]. Waltham: Butterworth-Heinemann, 2014.

[9] 朱康武. 作业型ROV多变量位姿鲁棒控制方法研究[D]. 杭州:浙江大学, 2012.

[10] Kyo M, Hiyazakiet E, Tsukioka S, et al. The sea trial of "KAIKO", the full ocean depth research ROV[C]// POCEANS '95 MTS/IEEE, San Diego, California, 1995: 1991-1996.

[11] Mikagawa T, Fukui T. 10,000-meter class deep sea ROV "KAIKO" and underwater operations[C]//The Proceedings of the International Offshore and Polar Engineering Conference, 1998: 388-394.

[12] "海星6000"首次科考应用圆满完成[EB/OL]. (2018-11-08)[2020-07-11]. http://rlab.sia.cas.cn/xwxx/kydt/201811/t20181108_457217.html.

[13] VideoRay Pro 4 Plus BASE ROV System[EB/OL]. [2020-07-11] https://www.videoray.com/rovs/videoray-pro-4/pro-4-plus-base.html#!NewSkidPro4Sub.

[14] vLBV300-5-SeaBotix [EB/OL]. [2020-07-11]. http://www.teledynemarine.com/lbv300-5.

[15] ROV Jason 2 [EB/OL]. [2020-07-11]. http://ooicruises.ocean.washington.edu/story/ROV+Jason+2.

[16] Petitt R A, Bowen A, Elder R, et al. Power system for the new Jason ROV [C]//OCEANS 2004 MTS/ IEEE, Kobe, 2004: 1727-1731.

[17] Sona S. Advancements in ROV and trenching technology[C]//OCEANS 2000 MTS/IEEE, 2000: 505-508.

[18] Nautilus Minerals' Seafloor Production Tools arrive in Papua New Guinea[EB/OL]. [2020-07-11]. http://dsmobserver.com/2017/05/nautilus-minerals-seafloor-production-tools/.

[19] Kieran O'Brien. ROVing further every year[EB/OL]. (2014-03-21) [2020-07-11]. https://www.oilfieldtechnology.com/exploration/21032014/roving_further_every_year/.

[20] Marc N, Thomas S, Michael K. Deployment of the deep sea ROV VICTOR 6000 from board the German research icebreaker POLARSTERN in polar regions[C]//OCEANS 2000 MTS/IEEE Conference and Exhibition, 2000: 943-947.

[21] 7,000m Class Remotely Operated Vehicle KAIKO 7000[EB/OL]. [2020-07-11]. https://www.jamstec.go.jp/e/about/equipment/ships/kaiko7000.html.

[22] Bathysaurus XL[EB/OL]. [2020-07-11]. https://pdf.nauticexpo.com/pdf/argus-remote-systems-as/bathysaurus-xl/39762-66981.html.

[23] ROVs-Remotely Operated Vehicles[EB/OL]. [2020-07-11]. http://www.phnx-international.com/phnx/phoenix-equipment/rovs/.

[24] Ishibashi S, Yoshida H, Osawa H, et al. A ROV "ABISMO" for the inspection and sampling in the deepest ocean and its operation support system[C]//OCEANS 2008-MTS/IEEE Kobe Techno-Ocean, Kobe, 2008: 1-6.

[25] 中国正在积极研究下探深度更深的"潜水器"[EB/OL]. (2009-12-09) [2020-07-11]. http://www.gov.cn/jrzg/2009-12/09/content_1483885.htm.

[26] 李倚慰. 三大深潜"神器"聚首青岛"安家"国家深海基地经略深蓝[EB/OL]. (2017-02-06) [2020-07-11].

http://www.zgqdlsjj.com/2017/0206/207692.shtml.

[27] 陶军，陈宗恒．“海马”号无人遥控潜水器的研制与应用[J]．工程研究：跨学科视野中的工程，2016，8(2)：185-191.

[28] 4500米级深海无人遥控潜水器通过验收[EB/OL]．(2015-5-9)[2020-07-11]．http://news.sciencenet.cn/htmlnews/2015/5/318521.shtm.

[29] Remote Piloting and Automated Control Technology[EB/OL]．[2020-07-11]．https://www.oceaneering.com/rov-services/rov-technology/.

[30] DEXROV DEEP SEA TEST UPDATES[EB/OL]．(2018-06-26)[2020-07-11]．http://www.dexrov.eu/dexrov-deep-sea-test-updates/.

2

遥控水下机器人数学建模

2.1 遥控水下机器人建模方法与意义

尽管 ROV 以遥控操作为主，但离不开基本的控制问题，特别是越来越多的 ROV 系统要求具备更多的自动控制功能和更高的控制精度。比例-积分-微分(proportional-integral-derivative，PID)控制方法已在工业设备控制等领域相对成熟，随着水下机器人的研发逐步受到世界多国的重视，该控制方法也被广泛应用于水下机器人的运动控制。ROV 水下悬停定位和定向航行一般都采用 PID 控制方法，但由于 ROV 在水下不同深度观测或者作业时，是一个控制参数变化的、运动强耦合的非线性控制系统，要想达到更精细的运动控制性能，需要对 ROV 建立较为精确的动力学模型，并基于该模型采用一些先进的控制算法进行运动控制。

建立精确的 ROV 动力学模型难点在于水动力模型，主要是水动力系数的精确获得。目前，水动力系数主要通过以下四种方式来获取：经验公式估算[1]、计算流体力学(computational fluid dynamics，CFD)仿真[2-5]、系统辨识[6-7]、缩比模型试验[8-10]。经验公式估算形式比较简单，不能准确反映 ROV 复杂不规则外形的水动力特性，其实用性和预报精度有限。CFD 仿真方法一般针对流线型几何外形的水下机器人，对于 ROV 开架式不规则外形，计算精度和效率受到限制。系统辨识方法一般适用于设备实际作业时数据的分析和计算以及水动力系数的修正处理。缩比模型试验是目前获得水动力系数最有效的手段，尽管试验耗费较多的时间和成本，但所获得的数据的准确性和有效性是其他手段无法比拟的。

上海交通大学以 4500m 级深海作业型 ROV 缩比模型进行了水池拖曳试验，并建立系统非线性动力学模型，基于所建立的力学模型对 ROV 控制器进行设计，解决了 ROV 运动控制问题[11]，如图 2.1 所示。

图 2.1　上海交通大学 4500m 级作业型 ROV

英国纽卡斯尔大学采用 CFD 的方法获得 ROV 动力学模型，如图 2.2 所示，该方法获得的动力学参数准确性不是很高。纽卡斯尔大学基于建立的动力学模型并结合相关控制算法解决 ROV 的运动控制,实现在水下对 AUV 的布放和回收[12]。

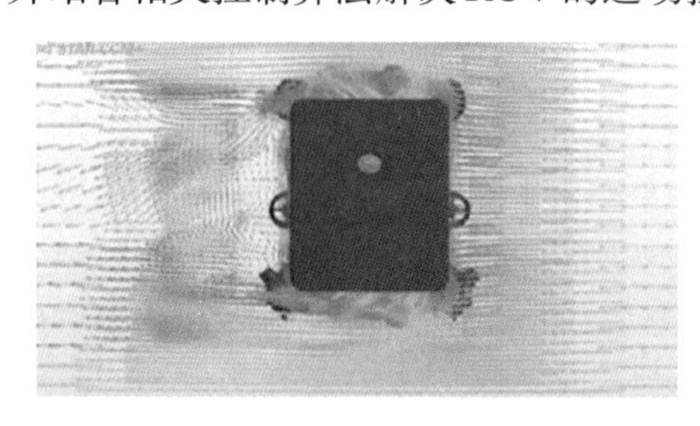
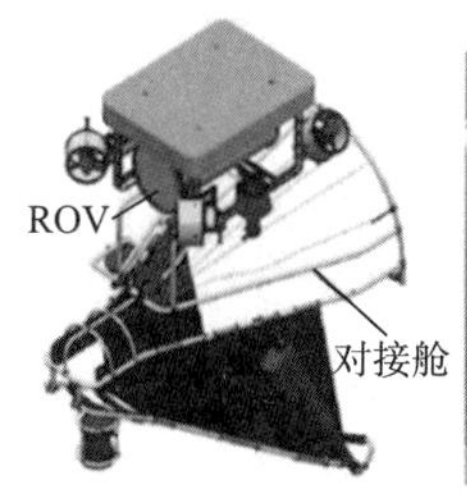

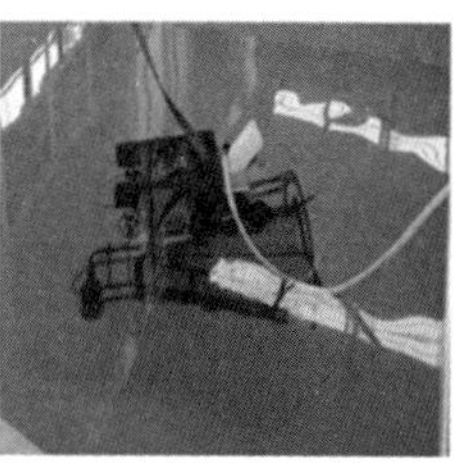

图 2.2　ROV 的 CFD 仿真及运动控制(见书后彩图)

中国台湾中山大学采用投影映射的方法对 ROV 的动力学参数进行辨识。基于视觉可以获得 ROV 水平面运动时间序列图像，利用压力传感器获得 ROV 运动的深度信息，在相同的输入下，对实验获得的数据信息和动力学模型输出进行比较，可辨识出动力学模型参数。通过该方法，可依次对 ROV 所有方向的动力学模型参数进行辨识[13]。

ROV 运动学和动力学模型的建立，目前主要用于 ROV 运动控制器的设计，结合一些先进的控制方法，可以取得较好的运动控制性能。除此之外，ROV 的运动学和动力学模型还可用于 ROV 本体结构设计及优化、推进器的选型布局、作业能力及作业功耗评估等方面。

2.2　遥控水下机器人运动学建模

2.2.1　坐标系和参数

1. 空间运动坐标系和参数符号

为了研究 ROV 运动的规律，确定机器人的位置和姿态，并考虑到其运动相当于刚体在流体中受重力和水动力作用下运动的一般问题，坐标系、名词术语和符号规则按照刚体力学和流体力学的习惯和为了计算上的方便性，本书采用国际船模拖曳水池会议(International Towing Tank Conference，ITTC)推荐的和造船与轮机工程师学会(Society of Naval Architects and Marine Engineers，SNAME)术语公报的体系[14-15]，如图 2.3 所示，具体定义方法如下。

定系 E-$\xi\eta\zeta$：原点 E 可选地球上的某一定点，如海面或海中任一点。$E\xi$ 轴位于水平面，并常以 ROV 的主航向为正向；$E\eta$ 轴位于 $E\xi$ 轴所在的水平面，按右手法则将 $E\xi$ 轴顺时针旋转 90°即可得到；$E\zeta$ 轴垂直于 $\xi E\eta$ 坐标平面，指向地心为正。

动系 O-xyz：原点 O 一般选在 ROV 的重心处。Ox 轴、Oy 轴和 Oz 轴分别是经过 O 点的水线面、横剖面和纵中剖面的交线，正向按右手法则的规定，即 Ox 轴指向 ROV 艏部、Oy 轴指向 ROV 右舷，Oz 轴指向 ROV 底部方向，并认为 Ox、Oy 和 Oz 是 ROV 的惯性主轴。

缆绳坐标系 L-ijk：在缆绳坐标系中，Li 轴和缆绳相切，其方向指向从 ROV 拖拽点起圆弧长度增加的方向，Lk 在平面 Oxy 上。

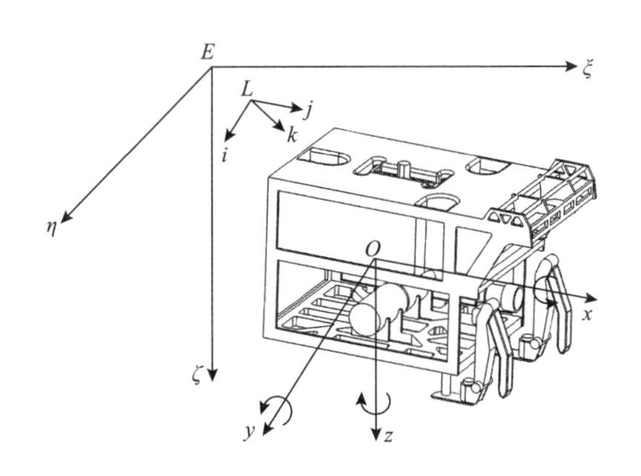

图 2.3　ROV 的坐标系

ROV 重心处相对于地球的速度为 $\boldsymbol{V}$，$\boldsymbol{V}$ 在 O-xyz 坐标系上的投影分别为 $\boldsymbol{u}$ (纵向速度)、$\boldsymbol{v}$ (横向速度)、$\boldsymbol{w}$ (垂向速度)。同理，ROV 以角速度 $\boldsymbol{\Omega}$ 转动，$\boldsymbol{\Omega}$ 在 O-xyz 坐标系上的投影为 $\boldsymbol{p}$ (横倾角速度)、$\boldsymbol{q}$ (纵倾角速度)、$\boldsymbol{r}$ (偏航角速度)。ROV 所受外力 $\boldsymbol{F}$ 在 O-xyz 坐标系上的投影为 $\boldsymbol{F}_X$ (纵向力)、$\boldsymbol{F}_Y$ (横向力)、$\boldsymbol{F}_Z$ (垂向力)。力矩 $\boldsymbol{M}$ 的投影为 $\boldsymbol{K}$ (横倾力矩)、$\boldsymbol{M}$ (纵倾力矩)、$\boldsymbol{N}$ (偏航力矩)。速度和力的分量以指向坐标轴的正向为正，角速度和力矩的正负号遵从右手法则的规定。例如，$\boldsymbol{q}$ 和 $\boldsymbol{M}$ 的正方向是绕 Oy 轴使 Oz 轴转向 Ox 轴，而 $\boldsymbol{r}$ 和 $\boldsymbol{N}$ 的正方向是使 Ox 轴转向 Oy 轴，具体见表 2.1。

表 2.1　ROV 6 自由度运动参数定义

自由度	运动定义	位移(角度)	速度(角速度)	力(力矩)
1	纵向(在 Ox 轴上移动)	$\boldsymbol{X}$	$\boldsymbol{u}$	$\boldsymbol{F}_X$
2	横移(在 Oy 轴上移动)	$\boldsymbol{Y}$	$\boldsymbol{v}$	$\boldsymbol{F}_Y$
3	升沉(在 Oz 轴上移动)	$\boldsymbol{Z}$	$\boldsymbol{w}$	$\boldsymbol{F}_Z$
4	横摇(绕 Ox 轴的转动)	$\boldsymbol{\varphi}$	$\boldsymbol{p}$	$\boldsymbol{K}$
5	纵摇(绕 Oy 轴的转动)	$\boldsymbol{\vartheta}$	$\boldsymbol{q}$	$\boldsymbol{M}$
6	艏向(绕 Oz 轴的转动)	$\boldsymbol{\psi}$	$\boldsymbol{r}$	$\boldsymbol{N}$

ROV 的空间位置和姿态，可用动系 O - xyz 原点的地面坐标值(ξ_0,η_0,ζ_0)和动系相对于定系的三个姿态角来确定。为此，假定动系与定系重合，则各姿态角分别存在时可定义如下：艏向角 ψ 是 ROV 的对称面 xOz 绕铅垂轴 $E\zeta$ 水平旋转与铅垂面 $\xi E\zeta$ 的夹角在定系水平面的投影；类似地，纵倾角 ϑ 是 ROV 的水线面 xOy 绕 Oy 轴俯仰与定系水平面 $\xi E\eta$ 的夹角在定系铅垂面的投影；横倾角 φ 是 ROV 的对称面 xOz 绕 Ox 轴横倾与定系铅垂面 $\xi E\zeta$ 的夹角在横滚面 $\eta E\zeta$ 的投影。同时规定：φ 向右倾为正，ϑ 向尾倾为正，ψ 向右转为正。

2. 平面运动假设

若 ROV 在航行中只改变深度而不改变航向，此时其重心始终保持在同一铅垂平面内；若只改变航向而不改变深度，此时 ROV 的重心始终在同一水平面内。显然，上述运动是对 ROV 在水中的一般运动的简化分解，或者说是一种近似处理，反映了 ROV 运动的主要本质特征，并带来了研究上的方便。据此，可作如下平面运动假设：ROV 在水中空间运动，在弱机动时可分解成两个平面运动，即 ROV 在水平面的运动，简称水平面运动，这时与船舶在水面上运动时一样，主要研究航向的保持与改变，而不涉及深度的变化；ROV 在垂直面的运动，简称垂直面运动，主要研究纵倾和深度的保持与改变，而不涉及航向的变化。

显然，此时忽略了横滚面的运动，如横移等，以及两个平面运动间的耦合影响。但是，平面运动在通常的情况下依然反映了 ROV 运动的基本问题，即深度和航向的控制，体现了 ROV 运动的基本特征。同时，空间运动的水动力特性也是以平面运动为基础发展起来的，平面运动问题相对空间运动较为简单。

3. 平面运动坐标系和主要参数

对于水平面运动，任一时刻 ROV 在平面中的位置都需要定系中的三个坐标参数来确定，如图 2.4 所示。

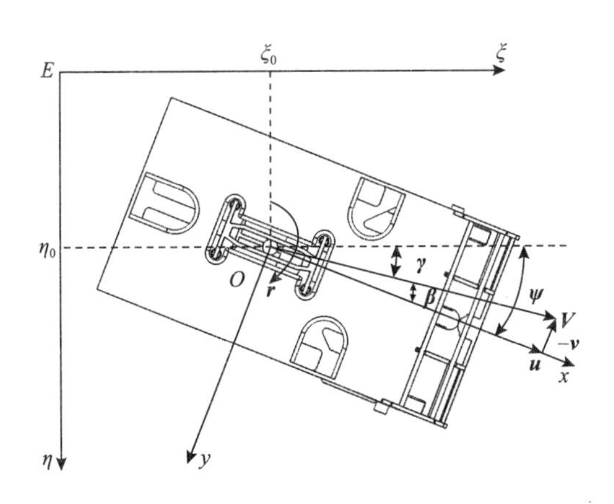

图 2.4　水平面运动的坐标系

重心 G 坐标即动系原点坐标 $O(\zeta_0,\eta_0)$。艏向角 $\boldsymbol{\psi}(E\xi \wedge Ox)$ 为 $E\xi$ 轴和 Ox 轴在水平面的夹角，规定 $E\xi$ - Ox 顺时针转为正，反之为负。航速 $\boldsymbol{V}$ 在动坐标系 O - xy 上的分量为 $\boldsymbol{u}$、$\boldsymbol{v}$，其中 $\boldsymbol{u}=\boldsymbol{V}\cos\boldsymbol{\beta}$，$\boldsymbol{v}=-\boldsymbol{V}\sin\boldsymbol{\beta}$。水动力角 $\boldsymbol{\beta}(\boldsymbol{V}\wedge Ox)$ 为航速 $\boldsymbol{V}$ 的方向和 Ox 轴之间的夹角，也称漂角，规定自 $\boldsymbol{V}$ - Ox 顺时针转为正，反之为负。回转运动角速度为 $\boldsymbol{r}=\dfrac{\mathrm{d}\boldsymbol{\psi}}{\mathrm{d}t}$，按右手法则在水平面内顺时针方向旋转为正，反之为负。航迹角 $\boldsymbol{\gamma}(E\xi \wedge \boldsymbol{V})$ 为航速 $\boldsymbol{V}$ 与 $E\zeta$ 轴之间的夹角（或称航速角），规定自 $E\zeta$ - $\boldsymbol{V}$ 顺时针转为正，反之为负。

由此可见，水平面运动的主要参数有位置参数 $\boldsymbol{\xi}_0$、$\boldsymbol{\eta}_0$、$\boldsymbol{\psi}$、γ 和运动参数 $\boldsymbol{u}$、$\boldsymbol{v}$、$\boldsymbol{r}$，并且有以下关系：

$$
\begin{aligned}
&\dot{\boldsymbol{\xi}}_0=\boldsymbol{V}_\xi,\quad \dot{\boldsymbol{\eta}}_0=\boldsymbol{V}_\eta,\quad \dot{\boldsymbol{\psi}}=\boldsymbol{r},\quad \gamma=\boldsymbol{\psi}-\boldsymbol{\beta}\\
&\boldsymbol{V}_\xi=\boldsymbol{V}\cos\boldsymbol{\gamma},\quad \boldsymbol{V}_\eta=\boldsymbol{V}\sin\boldsymbol{\gamma},\quad \boldsymbol{u}=\boldsymbol{V}\cos\boldsymbol{\beta},\quad \boldsymbol{v}=-\boldsymbol{V}\sin\boldsymbol{\beta}
\end{aligned}
\tag{2.1}
$$

垂直面运动参数定义见图 2.5。参照水平面运动参数的定义，重心 G 坐标即动系原点坐标 $O(\xi_0,\zeta_0)$。姿态角 $\boldsymbol{\vartheta}(E\zeta \wedge Ox)$ 为 $E\zeta$ 轴和 Ox 轴在水平面的夹角，称为纵倾角，规定 $E\zeta$ - Ox 顺时针转为正，反之为负。航速 $\boldsymbol{V}$ 在动坐标轴 O - xz 上的分量为 $\boldsymbol{u}$、$\boldsymbol{w}$，其中 $\boldsymbol{u}=\boldsymbol{V}\cos\boldsymbol{\alpha}$，$\boldsymbol{w}=\boldsymbol{V}\sin\boldsymbol{\alpha}$。水动力角 $\boldsymbol{\alpha}(\boldsymbol{V}\wedge Ox)$ 为动系原点速度在垂直面上的投影 $\boldsymbol{V}$ 的方向和 Ox 轴之间的夹角，称为攻角，规定自 $\boldsymbol{V}$ - Ox 逆时针转为正，反之为负。纵倾转动角速度为 $\boldsymbol{q}=\dfrac{\mathrm{d}\boldsymbol{\vartheta}}{\mathrm{d}t}$，按右手法则在垂直面内逆时针方向旋转为正，反之为负。潜浮角 $\boldsymbol{\chi}(E\xi \wedge \boldsymbol{V})$ 为航速 $\boldsymbol{V}$ 在垂直面上的投影方向与 $E\xi$ 轴之间的夹角，规定自 $E\xi$ - $\boldsymbol{V}$ 逆时针转为正，反之为负。

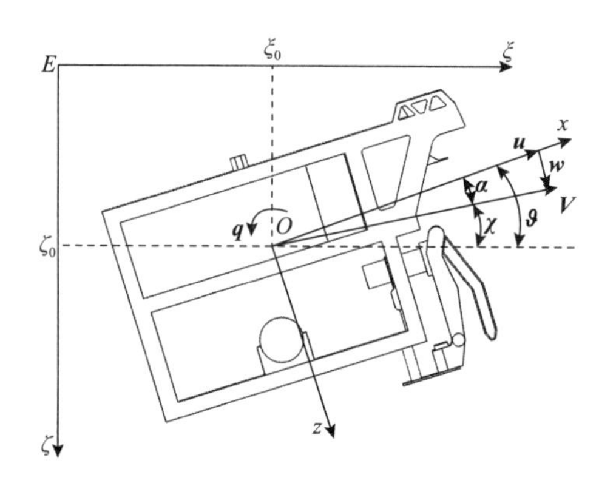

图 2.5 垂直面运动的坐标系

由此可见，垂直面运动的主要参数有位置参数 ξ_0、ζ_0、J、χ 和运动参数 u、v、r，并且有以下关系：

$$\begin{aligned}&\dot{\zeta}_0 = V_\zeta,\ \ \dot{\xi}_0 = V_\xi,\ \ \dot{\vartheta} = q,\ \ \chi = \vartheta - \alpha \\ &V_\xi = V\cos\chi,\ \ V_\zeta = V\sin\chi,\ \ u = V\cos\alpha,\ \ w = V\sin\alpha\end{aligned} \tag{2.2}$$

航速 V 与 ROV 纵中剖面之间的夹角(或 V 在对称面上的投影与矢量速度本身的夹角)为漂角 β，V 与 ROV 基面之间的夹角(或 V 在对称面上的投影与 Ox 轴之间的夹角)为冲角 α。水动力角 α、β 表示矢量速度与 ROV 姿态相对位置关系，反映水动力特性，在动系中 V 和 α、β 角的空间位置如图 2.6 所示。

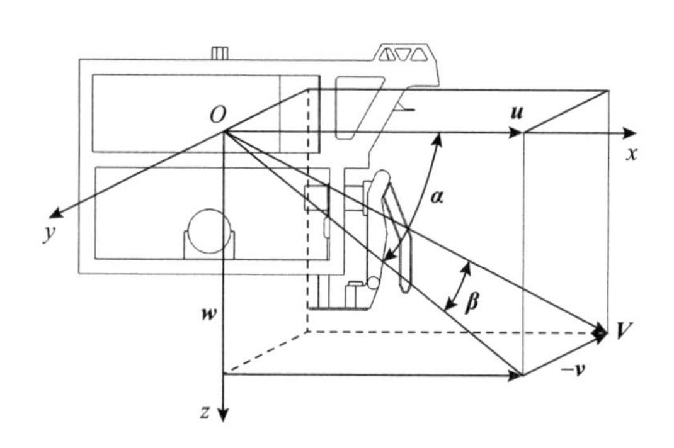

图 2.6 空间运动的水动力角

2.2.2 空间运动的一般方程

1. 质点的线速度

一般情况下，ROV 的重心 G 与动系原点 O 不重合，此时 ROV 重心坐标为

$G_i(x, y, z)$，根据理论力学的速度合成定理可知，该点（G_i）相对于地球（定系）的运动矢量速度$\boldsymbol{V}_i$（绝对速度）可写成

$$\boldsymbol{V}_i = \boldsymbol{V}_0 + \boldsymbol{\Omega} \times \boldsymbol{R}_i \tag{2.3}$$

式中，$\boldsymbol{V}_0$——动系原点O相对于定系的速度，即重心G_i的牵连速度；

$\boldsymbol{\Omega}$——重心G_i绕O点的转动角速度，在同一时刻ROV上各点的转动角速度为常数；

$\boldsymbol{R}_i$——重心G_i相对于O点的矢径，且有$\boldsymbol{R}_i = |\boldsymbol{x}|\boldsymbol{i} + |\boldsymbol{y}|\boldsymbol{j} + |\boldsymbol{z}|\boldsymbol{k}$或$|\boldsymbol{R}_i| = (|\boldsymbol{x}|^2 + |\boldsymbol{y}|^2 + |\boldsymbol{z}|^2)^{\frac{1}{2}}$。

于是，式(2.3)可用分量形式改写成

$$\boldsymbol{V}_i = (|\boldsymbol{u}|\boldsymbol{i} + |\boldsymbol{v}|\boldsymbol{j} + |\boldsymbol{w}|\boldsymbol{k}) + (|\boldsymbol{p}|\boldsymbol{i} + |\boldsymbol{q}|\boldsymbol{j} + |\boldsymbol{r}|\boldsymbol{k}) \times (|\boldsymbol{x}|\boldsymbol{i} + |\boldsymbol{y}|\boldsymbol{j} + |\boldsymbol{z}|\boldsymbol{k}) \tag{2.4}$$

式中，$\boldsymbol{u}$、$\boldsymbol{v}$、$\boldsymbol{w}$——O点分别沿Ox、Oy、Oz轴速度分量；

$\boldsymbol{p}$、$\boldsymbol{q}$、$\boldsymbol{r}$——O点分别绕Ox、Oy、Oz轴角速度分量；

$\boldsymbol{i}$、$\boldsymbol{j}$、$\boldsymbol{k}$——在动系Ox、Oy、Oz轴方向的单位矢量，即$|\boldsymbol{i}| = |\boldsymbol{j}| = |\boldsymbol{k}| = 1$。

这里所取的动系O-xyz是右手直角坐标系，参照矢量积的法则有

$$\begin{cases} \boldsymbol{i} \times \boldsymbol{j} = \boldsymbol{k}, \boldsymbol{j} \times \boldsymbol{k} = \boldsymbol{i}, \boldsymbol{k} \times \boldsymbol{i} = \boldsymbol{j} \\ \boldsymbol{i} \times \boldsymbol{i} = 0, \boldsymbol{j} \times \boldsymbol{j} = 0, \boldsymbol{k} \times \boldsymbol{k} = 0 \\ \boldsymbol{j} \times \boldsymbol{i} = -\boldsymbol{k}, \boldsymbol{k} \times \boldsymbol{j} = -\boldsymbol{i}, \boldsymbol{i} \times \boldsymbol{k} = -\boldsymbol{j} \end{cases} \tag{2.5}$$

将式(2.5)代入式(2.4)，则有

$$\begin{aligned} \boldsymbol{V}_i &= (|\boldsymbol{u}|\boldsymbol{i} + |\boldsymbol{v}|\boldsymbol{j} + |\boldsymbol{w}|\boldsymbol{k}) + |\boldsymbol{p}||\boldsymbol{y}|\boldsymbol{k} - |\boldsymbol{p}||\boldsymbol{z}|\boldsymbol{j} - |\boldsymbol{q}||\boldsymbol{x}|\boldsymbol{k} + |\boldsymbol{q}||\boldsymbol{z}|\boldsymbol{i} + |\boldsymbol{r}||\boldsymbol{x}|\boldsymbol{j} - |\boldsymbol{r}||\boldsymbol{y}|\boldsymbol{i} \\ &= (|\boldsymbol{u}| + |\boldsymbol{q}||\boldsymbol{z}| - |\boldsymbol{r}||\boldsymbol{y}|)\boldsymbol{i} + (|\boldsymbol{v}| + |\boldsymbol{r}||\boldsymbol{x}| - |\boldsymbol{p}||\boldsymbol{z}|)\boldsymbol{j} + (|\boldsymbol{w}| + |\boldsymbol{p}||\boldsymbol{y}| - |\boldsymbol{q}||\boldsymbol{x}|)\boldsymbol{k} \end{aligned} \tag{2.6}$$

ROV航速$\boldsymbol{V}$与ROV纵中剖面的夹角为漂角$\boldsymbol{\beta}$，与ROV的基面夹角为攻角$\boldsymbol{\alpha}$，则上式中速度分量$\boldsymbol{u}$、$\boldsymbol{v}$、$\boldsymbol{w}$表示为

$$\begin{cases} \boldsymbol{u} = \boldsymbol{V} \cos \boldsymbol{\beta} \cos \boldsymbol{\alpha} \\ \boldsymbol{v} = -\boldsymbol{V} \sin \boldsymbol{\beta} \\ \boldsymbol{w} = \boldsymbol{V} \cos \boldsymbol{\beta} \sin \boldsymbol{\alpha} \end{cases} \tag{2.7}$$

2. 质点的加速度

由于$\boldsymbol{i}$、$\boldsymbol{j}$、$\boldsymbol{k}$是动系坐标轴上的单位矢量，其模是常数，其方向随时间而变化。当动系以角速度$\boldsymbol{\Omega}$转动时，根据矢量求导数法则有

$$\begin{cases}\dfrac{\mathrm{d}\boldsymbol{i}}{\mathrm{d}t}=\boldsymbol{\Omega}\times\boldsymbol{i}=0\boldsymbol{i}+|\boldsymbol{r}|\boldsymbol{j}-|\boldsymbol{q}|\boldsymbol{k}\\ \dfrac{\mathrm{d}\boldsymbol{j}}{\mathrm{d}t}=\boldsymbol{\Omega}\times\boldsymbol{j}=0\boldsymbol{j}+|\boldsymbol{p}|\boldsymbol{k}-|\boldsymbol{r}|\boldsymbol{i}\\ \dfrac{\mathrm{d}\boldsymbol{k}}{\mathrm{d}t}=\boldsymbol{\Omega}\times\boldsymbol{k}=0\boldsymbol{k}+|\boldsymbol{q}|\boldsymbol{i}-|\boldsymbol{p}|\boldsymbol{j}\end{cases}\tag{2.8}$$

把式(2.6)对时间求导，之后代入式(2.8)，可得

$$\begin{aligned}\frac{\mathrm{d}\boldsymbol{V}_i}{\mathrm{d}t}&=\frac{\mathrm{d}}{\mathrm{d}t}\Big[(|\boldsymbol{u}|+|\boldsymbol{q}||z|-|\boldsymbol{r}||y|)\boldsymbol{i}+(|\boldsymbol{v}|+|\boldsymbol{r}||\boldsymbol{x}|-|\boldsymbol{p}||z|)\boldsymbol{j}+(|\boldsymbol{w}|+|\boldsymbol{p}||y|-|\boldsymbol{q}||\boldsymbol{x}|)\boldsymbol{k}\Big]\\&=\frac{\mathrm{d}}{\mathrm{d}t}(|\boldsymbol{u}|+|\boldsymbol{q}||z|-|\boldsymbol{r}||y|)\boldsymbol{i}+(|\boldsymbol{u}|+|\boldsymbol{q}||z|-|\boldsymbol{r}||y|)\frac{\mathrm{d}\boldsymbol{i}}{\mathrm{d}t}\\&\quad+\frac{\mathrm{d}}{\mathrm{d}t}(|\boldsymbol{v}|+|\boldsymbol{r}||\boldsymbol{x}|-|\boldsymbol{p}||z|)\boldsymbol{j}+(|\boldsymbol{v}|+|\boldsymbol{r}||\boldsymbol{x}|-|\boldsymbol{p}||z|)\frac{\mathrm{d}\boldsymbol{j}}{\mathrm{d}t}\\&\quad+\frac{\mathrm{d}}{\mathrm{d}t}(|\boldsymbol{w}|+|\boldsymbol{p}||y|-|\boldsymbol{q}||\boldsymbol{x}|)\boldsymbol{k}+(|\boldsymbol{w}|+|\boldsymbol{p}||y|-|\boldsymbol{q}||\boldsymbol{x}|)\frac{\mathrm{d}\boldsymbol{k}}{\mathrm{d}t}\\&=\Big[(|\dot{\boldsymbol{u}}|-|\boldsymbol{v}||\boldsymbol{r}|+|\boldsymbol{w}||\boldsymbol{q}|)-|z|(|\boldsymbol{q}|^2+|\boldsymbol{r}|^2)+|y|(|\boldsymbol{p}||\boldsymbol{q}|-|\dot{\boldsymbol{r}}|)+|z|(|\boldsymbol{p}||\boldsymbol{r}|+|\dot{\boldsymbol{q}}|)\Big]\boldsymbol{i}\\&\quad+\Big[(|\dot{\boldsymbol{v}}|-|\boldsymbol{w}||\boldsymbol{p}|+|\boldsymbol{u}||\boldsymbol{r}|)-|y|(|\boldsymbol{r}|^2+|\boldsymbol{p}|^2)+|z|(|\boldsymbol{q}||\boldsymbol{r}|-|\dot{\boldsymbol{p}}|)\\&\quad+|\boldsymbol{x}|(|\boldsymbol{q}||\boldsymbol{p}|+|\dot{\boldsymbol{r}}|)\Big]\boldsymbol{j}+\Big[(|\dot{\boldsymbol{w}}|-|\boldsymbol{u}||\boldsymbol{q}|+|\boldsymbol{v}||\boldsymbol{p}|)-|\boldsymbol{x}|(|\boldsymbol{p}|^2+|\boldsymbol{q}|^2)\\&\quad+|\boldsymbol{x}|(|\boldsymbol{r}||\boldsymbol{p}|-|\dot{\boldsymbol{q}}|)+|y|(|\boldsymbol{r}||\boldsymbol{q}|+|\dot{\boldsymbol{p}}|)\Big]\boldsymbol{k}\end{aligned}\tag{2.9}$$

3. 遥控水下机器人空间运动的一般方程

由动量定理可知，ROV 的动量 $\boldsymbol{B}$ 用质量 m 和重心速度 $\boldsymbol{V}_G$ 的乘积表示，即

$$\boldsymbol{B}=m\boldsymbol{V}_G\tag{2.10}$$

此时动量定理即是重心运动定理，作用于 ROV 的外力为

$$\boldsymbol{F}=m\frac{\mathrm{d}\boldsymbol{V}_G}{\mathrm{d}t}\tag{2.11}$$

把式(2.9)代入式(2.11)，可得

$$\begin{aligned}\boldsymbol{F}=m\Big\{&\Big[(|\dot{\boldsymbol{u}}|-|\boldsymbol{v}||\boldsymbol{r}|+|\boldsymbol{w}||\boldsymbol{q}|)-|z_G|(|\boldsymbol{q}|^2+|\boldsymbol{r}|^2)+|y_G|(|\boldsymbol{p}||\boldsymbol{q}|-|\dot{\boldsymbol{r}}|)\\&+|z_G|(|\boldsymbol{p}||\boldsymbol{r}|+|\dot{\boldsymbol{q}}|)\Big]\boldsymbol{i}+\Big[(|\dot{\boldsymbol{v}}|-|\boldsymbol{w}||\boldsymbol{p}|+|\boldsymbol{u}||\boldsymbol{r}|)-|y_G|(|\boldsymbol{r}|^2+|\boldsymbol{p}|^2)\\&+|z_G|(|\boldsymbol{q}||\boldsymbol{r}|-|\dot{\boldsymbol{p}}|)+|x_G|(|\boldsymbol{q}||\boldsymbol{p}|+|\dot{\boldsymbol{r}}|)\Big]\boldsymbol{j}+\Big[(|\dot{\boldsymbol{w}}|-|\boldsymbol{u}||\boldsymbol{q}|+|\boldsymbol{v}||\boldsymbol{p}|)\\&-|x_G|(|\boldsymbol{p}|^2+|\boldsymbol{q}|^2)+|x_G|(|\boldsymbol{r}||\boldsymbol{p}|-|\dot{\boldsymbol{q}}|)+|y_G|(|\boldsymbol{r}||\boldsymbol{q}|+|\dot{\boldsymbol{p}}|)\Big]\boldsymbol{k}\Big\}\end{aligned}\tag{2.12}$$

把外力 $\boldsymbol{F}$ 分解成沿 Ox、Oy、Oz 轴的分量 $\boldsymbol{X}$、$\boldsymbol{Y}$、$\boldsymbol{Z}$：

$$\begin{cases}\boldsymbol{X}=m\left[(|\dot{\boldsymbol{u}}|-|\boldsymbol{v}||\boldsymbol{r}|+|\boldsymbol{w}||\boldsymbol{q}|)-|z_G|(|\boldsymbol{q}|^2+|\boldsymbol{r}|^2)+|\boldsymbol{y}_G|(|\boldsymbol{p}||\boldsymbol{q}|-|\dot{\boldsymbol{r}}|)+|z_G|(|\boldsymbol{p}||\boldsymbol{r}|+|\dot{\boldsymbol{q}}|)\right]\boldsymbol{i}\\ \boldsymbol{Y}=m\left[(|\dot{\boldsymbol{v}}|-|\boldsymbol{w}||\boldsymbol{p}|+|\boldsymbol{u}||\boldsymbol{r}|)-|\boldsymbol{y}_G|(|\boldsymbol{r}|^2+|\boldsymbol{p}|^2)+|z_G|(|\boldsymbol{q}||\boldsymbol{r}|-|\dot{\boldsymbol{p}}|)+|\boldsymbol{x}_G|(|\boldsymbol{q}||\boldsymbol{p}|+|\dot{\boldsymbol{r}}|)\right]\boldsymbol{j}\\ \boldsymbol{Z}=m\left[(|\dot{\boldsymbol{w}}|-|\boldsymbol{u}||\boldsymbol{q}|+|\boldsymbol{v}||\boldsymbol{p}|)-|\boldsymbol{x}_G|(|\boldsymbol{p}|^2+|\boldsymbol{q}|^2)+|\boldsymbol{x}_G|(|\boldsymbol{r}||\boldsymbol{p}|-|\dot{\boldsymbol{q}}|)+|\boldsymbol{y}_G|(|\boldsymbol{r}||\boldsymbol{q}|+|\dot{\boldsymbol{p}}|)\right]\boldsymbol{k}\end{cases} \tag{2.13}$$

上式即是重心 G 与动系原点 O 不重合时，重心运动定理在动系上的表示式。它表示作用于刚体的外力与运动参数之间的关系，也称为力的方程式。下面来推导刚体绕定点转动的欧拉方程式。

取作用于 ROV 上任一质点 G_i 的外力对动系原点 O 的力矩 $\mathrm{d}\boldsymbol{M}_i$ 为

$$\mathrm{d}\boldsymbol{M}_i=\boldsymbol{R}_i\times\mathrm{d}\boldsymbol{F}_i \tag{2.14}$$

式中，

$$\boldsymbol{R}_i=|\boldsymbol{x}|\boldsymbol{i}+|\boldsymbol{y}|\boldsymbol{j}+|z|\boldsymbol{k} \tag{2.15}$$

$$\mathrm{d}\boldsymbol{F}_i=\mathrm{d}m_i\times\frac{\mathrm{d}\boldsymbol{V}_i}{\mathrm{d}\boldsymbol{t}} \tag{2.16}$$

其中，

$$\mathrm{d}m_i=\rho\mathrm{d}x\mathrm{d}y\mathrm{d}z \tag{2.17}$$

其中，ρ ——质点 $G_i(x,y,z)$ 的密度；

$\mathrm{d}x\mathrm{d}y\mathrm{d}z$ —— G_i 的微元体积。

在 ROV 全排水体积 ∇ 范围内积分时，可以得到 ROV 质量为

$$m=\int_{\nabla}\rho\mathrm{d}x\mathrm{d}y\mathrm{d}z \tag{2.18}$$

类似地有

$$\begin{cases}mx_G=\int_{\nabla}\rho x\mathrm{d}x\mathrm{d}y\mathrm{d}z\\ my_G=\int_{\nabla}\rho y\mathrm{d}x\mathrm{d}y\mathrm{d}z\\ mz_G=\int_{\nabla}\rho z\mathrm{d}x\mathrm{d}y\mathrm{d}z\end{cases} \tag{2.19}$$

把式(2.15)、式(2.16)、式(2.18)、式(2.19)代入式(2.14)中进行积分，于是可得

$$
\begin{aligned}
\boldsymbol{M}=&\Big[\boldsymbol{I}_{xx}|\dot{\boldsymbol{p}}|+(\boldsymbol{I}_{zx}-\boldsymbol{I}_{yy})|\boldsymbol{q}||\boldsymbol{r}|-\boldsymbol{I}_{zx}(|\dot{\boldsymbol{r}}|+|\boldsymbol{p}||\boldsymbol{q}|)+\boldsymbol{I}_{yz}(|\boldsymbol{r}|^2-|\boldsymbol{q}|^2)+\boldsymbol{I}_{xy}(|\boldsymbol{p}||\boldsymbol{r}|-|\dot{\boldsymbol{q}}|)\\
&+m|\boldsymbol{y}_G|(|\dot{\boldsymbol{w}}|+|\boldsymbol{p}||\boldsymbol{v}|-|\boldsymbol{q}||\boldsymbol{u}|)-m|\boldsymbol{z}_G|(|\dot{\boldsymbol{v}}|+|\boldsymbol{r}||\boldsymbol{u}|-|\boldsymbol{p}||\boldsymbol{w}|)\Big]\boldsymbol{i}\\
&+\Big[\boldsymbol{I}_{yy}|\dot{\boldsymbol{q}}|+(\boldsymbol{I}_{zx}-\boldsymbol{I}_{zz})|\boldsymbol{r}||\boldsymbol{p}|-\boldsymbol{I}_{xy}(|\dot{\boldsymbol{p}}|+|\boldsymbol{q}||\boldsymbol{r}|)+\boldsymbol{I}_{yz}(|\boldsymbol{p}|^2-|\boldsymbol{r}|^2)+\boldsymbol{I}_{yz}(|\boldsymbol{q}||\boldsymbol{p}|-|\dot{\boldsymbol{r}}|)\\
&+m|\boldsymbol{z}_G|(|\dot{\boldsymbol{u}}|+|\boldsymbol{q}||\boldsymbol{w}|-|\boldsymbol{r}||\boldsymbol{v}|)-m|\boldsymbol{x}_G|(|\dot{\boldsymbol{w}}|+|\boldsymbol{p}||\boldsymbol{v}|-|\boldsymbol{q}||\boldsymbol{u}|)\Big]\boldsymbol{j}\\
&+\Big[\boldsymbol{I}_{zz}|\dot{\boldsymbol{r}}|+(\boldsymbol{I}_{yy}-\boldsymbol{I}_{xx})|\boldsymbol{p}||\boldsymbol{q}|-\boldsymbol{I}_{yz}(|\dot{\boldsymbol{q}}|+|\boldsymbol{r}||\boldsymbol{p}|)+\boldsymbol{I}_{yx}(|\boldsymbol{q}|^2-|\boldsymbol{p}|^2)+\boldsymbol{I}_{zx}(|\boldsymbol{r}||\boldsymbol{q}|-|\dot{\boldsymbol{p}}|)\\
&+m|\boldsymbol{x}_G|(|\dot{\boldsymbol{v}}|+|\boldsymbol{r}||\boldsymbol{u}|-|\boldsymbol{p}||\boldsymbol{w}|)-m|\boldsymbol{y}_G|(|\dot{\boldsymbol{u}}|+|\boldsymbol{q}||\boldsymbol{w}|-|\boldsymbol{r}||\boldsymbol{v}|)\Big]\boldsymbol{k}
\end{aligned}
\tag{2.20}
$$

式中，

$$
\begin{cases}
\boldsymbol{I}_{xx}=\sum m_i(y_i^2+z_i^2)=\int_{\nabla}\rho(y_i^2+z_i^2)\mathrm{d}x\mathrm{d}y\mathrm{d}z\\
\boldsymbol{I}_{yy}=\sum m_i(z_i^2+x_i^2)=\int_{\nabla}\rho(z_i^2+x_i^2)\mathrm{d}x\mathrm{d}y\mathrm{d}z\\
\boldsymbol{I}_{zz}=\sum m_i(x_i^2+y_i^2)=\int_{\nabla}\rho(x_i^2+y_i^2)\mathrm{d}x\mathrm{d}y\mathrm{d}z
\end{cases}
\tag{2.21}
$$

$$
\begin{cases}
\boldsymbol{I}_{xy}=\sum m_i x_i y_i=\int_{\nabla}\rho x_i y_i\mathrm{d}x\mathrm{d}y\mathrm{d}z\\
\boldsymbol{I}_{yz}=\sum m_i y_i z_i=\int_{\nabla}\rho y_i z_i\mathrm{d}x\mathrm{d}y\mathrm{d}z\\
\boldsymbol{I}_{zx}=\sum m_i z_i x_i=\int_{\nabla}\rho z_i x_i\mathrm{d}x\mathrm{d}y\mathrm{d}z
\end{cases}
\tag{2.22}
$$

其中，$\boldsymbol{I}_{xx}$、$\boldsymbol{I}_{yy}$、$\boldsymbol{I}_{zz}$——ROV 质量 m 对 Ox、Oy、Oz 轴的转动惯量（$\boldsymbol{I}_{xx}$=$\boldsymbol{I}_x$、$\boldsymbol{I}_{yy}$=$\boldsymbol{I}_y$、$\boldsymbol{I}_{zz}=\boldsymbol{I}_z$）；

$\boldsymbol{I}_{xy}$、$\boldsymbol{I}_{yz}$、$\boldsymbol{I}_{zx}$——ROV 质量 m 对 xOy、yOz、zOx 平面的惯性积。

考虑到 ROV 运动研究中采用的动系是与 ROV 惯性主轴重合的，于是 $\boldsymbol{I}_{xy}=\boldsymbol{I}_{yz}=\boldsymbol{I}_{zx}=0$。此外，作用于 ROV 的外力矩 $\boldsymbol{M}_E$ 在动系上的分量为

$$
\boldsymbol{M}_E=\boldsymbol{K}+\boldsymbol{M}+\boldsymbol{N}
\tag{2.23}
$$

由此可得

$$
\begin{cases}
\boldsymbol{K}=\Big[\boldsymbol{I}_{xx}|\dot{\boldsymbol{p}}|+(\boldsymbol{I}_{zx}-\boldsymbol{I}_{yy})|\boldsymbol{q}||\boldsymbol{r}|\\
\qquad+m|\boldsymbol{y}_G|(|\dot{\boldsymbol{w}}|+|\boldsymbol{p}||\boldsymbol{v}|-|\boldsymbol{q}||\boldsymbol{u}|)-m|\boldsymbol{z}_G|(|\dot{\boldsymbol{v}}|+|\boldsymbol{r}||\boldsymbol{u}|-|\boldsymbol{p}||\boldsymbol{w}|)\Big]\boldsymbol{i}\\
\boldsymbol{M}=\Big[\boldsymbol{I}_{yy}|\dot{\boldsymbol{q}}|+(\boldsymbol{I}_{zx}-\boldsymbol{I}_{zz})|\boldsymbol{r}||\boldsymbol{p}|\\
\qquad+m|\boldsymbol{z}_G|(|\dot{\boldsymbol{u}}|+|\boldsymbol{q}||\boldsymbol{w}|-|\boldsymbol{r}||\boldsymbol{v}|)-m|\boldsymbol{x}_G|(|\dot{\boldsymbol{w}}|+|\boldsymbol{p}||\boldsymbol{v}|-|\boldsymbol{q}||\boldsymbol{u}|)\Big]\boldsymbol{j}\\
\boldsymbol{N}=\Big[\boldsymbol{I}_{zz}|\dot{\boldsymbol{r}}|+(\boldsymbol{I}_{yy}-\boldsymbol{I}_{xx})|\boldsymbol{p}||\boldsymbol{q}|\\
\qquad+m|\boldsymbol{x}_G|(|\dot{\boldsymbol{v}}|+|\boldsymbol{r}||\boldsymbol{u}|-|\boldsymbol{p}||\boldsymbol{w}|)-m|\boldsymbol{y}_G|(|\dot{\boldsymbol{u}}|+|\boldsymbol{q}||\boldsymbol{w}|-|\boldsymbol{r}||\boldsymbol{v}|)\Big]\boldsymbol{k}
\end{cases}
\tag{2.24}
$$

在推导过程中进行了两次简化：

(1)采用固连于刚体的动系，使 $\boldsymbol{I}_{xx}$、$\boldsymbol{I}_{yy}$、$\boldsymbol{I}_{zz}$ 等都是常数。

(2)采用原点上的惯性主轴为动系的坐标轴，以消去惯性积 $\boldsymbol{I}_{xy}$ 等。由此方程组多出了 $(\boldsymbol{I}_{zx}-\boldsymbol{I}_{yy})\boldsymbol{qr}$ 等项，即回转效应。

把式(2.13)和式(2.24)结合在一起，即可得到 ROV 空间 6 自由度运动方程的一般形式：

$$\begin{cases}
\boldsymbol{X}=m\left[(|\dot{\boldsymbol{u}}|-|\boldsymbol{v}||\boldsymbol{r}|+|\boldsymbol{w}||\boldsymbol{q}|)-|z_G|(|\boldsymbol{q}|^2+|\boldsymbol{r}|^2)+|\boldsymbol{y}_G|(|\boldsymbol{p}||\boldsymbol{q}|-|\dot{\boldsymbol{r}}|)+|z_G|(|\boldsymbol{p}||\boldsymbol{r}|+|\dot{\boldsymbol{q}}|)\right]\boldsymbol{i} \\
\boldsymbol{Y}=m\left[(|\dot{\boldsymbol{v}}|-|\boldsymbol{w}||\boldsymbol{p}|+|\boldsymbol{u}||\boldsymbol{r}|)-|\boldsymbol{y}_G|(|\boldsymbol{r}|^2+|\boldsymbol{p}|^2)+|z_G|(|\boldsymbol{q}||\boldsymbol{r}|-|\dot{\boldsymbol{p}}|)+|\boldsymbol{x}_G|(|\boldsymbol{q}||\boldsymbol{p}|+|\dot{\boldsymbol{r}}|)\right]\boldsymbol{j} \\
\boldsymbol{Z}=m\left[(|\dot{\boldsymbol{w}}|-|\boldsymbol{u}||\boldsymbol{q}|+|\boldsymbol{v}||\boldsymbol{p}|)-|\boldsymbol{x}_G|(|\boldsymbol{p}|^2+|\boldsymbol{q}|^2)+|\boldsymbol{x}_G|(|\boldsymbol{r}||\boldsymbol{p}|-|\dot{\boldsymbol{q}}|)+|\boldsymbol{y}_G|(|\boldsymbol{r}||\boldsymbol{q}|+|\dot{\boldsymbol{p}}|)\right]\boldsymbol{k} \\
\boldsymbol{K}=\left[\boldsymbol{I}_{xx}|\dot{\boldsymbol{p}}|+(\boldsymbol{I}_{zx}-\boldsymbol{I}_{yy})|\boldsymbol{q}||\boldsymbol{r}|+m|\boldsymbol{y}_G|(|\dot{\boldsymbol{w}}|+|\boldsymbol{p}||\boldsymbol{v}|-|\boldsymbol{q}||\boldsymbol{u}|)-m|z_G|(|\dot{\boldsymbol{v}}|+|\boldsymbol{r}||\boldsymbol{u}|-|\boldsymbol{p}||\boldsymbol{w}|)\right]\boldsymbol{i} \\
\boldsymbol{M}=\left[\boldsymbol{I}_{yy}|\dot{\boldsymbol{q}}|+(\boldsymbol{I}_{zx}-\boldsymbol{I}_{zz})|\boldsymbol{r}||\boldsymbol{p}|+m|z_G|(|\dot{\boldsymbol{u}}|+|\boldsymbol{q}||\boldsymbol{w}|-|\boldsymbol{r}||\boldsymbol{v}|)-m|\boldsymbol{x}_G|(|\dot{\boldsymbol{w}}|+|\boldsymbol{p}||\boldsymbol{v}|-|\boldsymbol{q}||\boldsymbol{u}|)\right]\boldsymbol{j} \\
\boldsymbol{N}=\left[\boldsymbol{I}_{zz}|\dot{\boldsymbol{r}}|+(\boldsymbol{I}_{yy}-\boldsymbol{I}_{xx})|\boldsymbol{p}||\boldsymbol{q}|+m|\boldsymbol{x}_G|(|\dot{\boldsymbol{v}}|+|\boldsymbol{r}||\boldsymbol{u}|-|\boldsymbol{p}||\boldsymbol{w}|)-m|\boldsymbol{y}_G|(|\dot{\boldsymbol{u}}|+|\boldsymbol{q}||\boldsymbol{w}|-|\boldsymbol{r}||\boldsymbol{v}|)\right]\boldsymbol{k}
\end{cases} \tag{2.25}$$

2.3 遥控水下机器人动力学建模

2.3.1 坐标变换

在固定坐标系(定系)下得到的 ROV 的路径与速度需要转换到运动坐标系(动系)下才能通过运动控制器产生 ROV 运动所需要的控制向量，而施加于 ROV 上的力(力矩)所产生的速度需要转换到定系下才能计算机器人当前的位置和姿态，因此两种坐标系之间的向量转换是必要的。

ROV 在空间的位置取决于动系原点在定系中的三个坐标分量 $(\boldsymbol{\xi}_0,\boldsymbol{\eta}_0,\boldsymbol{\zeta}_0)$ 以及动系相对于定系的三个姿态角 $(\boldsymbol{\psi},\boldsymbol{\vartheta},\boldsymbol{\varphi})$。令动系原点 O 与定系原点 E 重合，则三个空间姿态角定义如下：

艏向角 $\boldsymbol{\psi}$——ROV Ox 轴在水平面 $\xi O\eta$ 上的投影与 $E\xi$ 轴之间的夹角。

纵倾角 $\boldsymbol{\vartheta}$——ROV Ox 轴与水平面 $\xi O\eta$ 之间的夹角。

横倾角 $\boldsymbol{\varphi}$——ROV 对称面 xOz 与通过 Ox 轴的铅垂面 $xO\zeta$ 之间的夹角。

各角度的正方向都由定系为起点的右手法则来确定，因此，定系经过三次旋转即可与动系重合(图 2.7)。

(1)绕 $O\zeta$ 轴旋转艏向角 $\boldsymbol{\psi}$： $O\xi \to Ox_1$， $O\eta \to Oy_1$。

(2)绕 Oy_1 轴旋转纵倾角 $\boldsymbol{\vartheta}$： $Ox_1 \to Ox$， $O\zeta \to Oz_1$。

(3)绕 Ox 轴旋转横倾角 $\boldsymbol{\varphi}$： $Oy_1 \to Oy$， $Oz_1 \to Oz$。

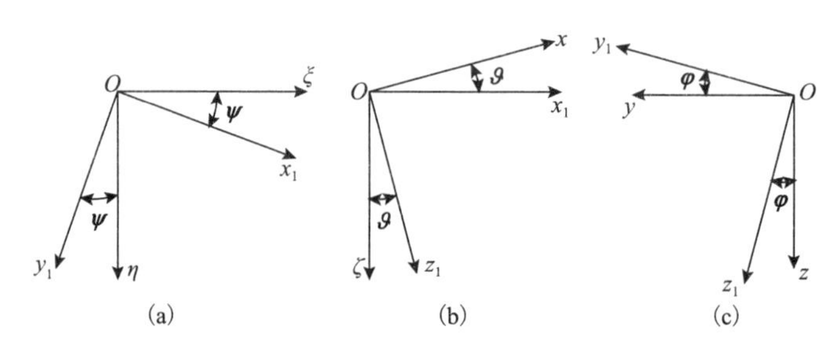

图 2.7　由定系向动系的三次坐标旋转变换

结合图 2.7 可得，第一次绕 $O\zeta$ 轴旋转艏向角 $\boldsymbol{\psi}$ 后有

$$\begin{bmatrix} \boldsymbol{\xi} \\ \boldsymbol{\eta} \\ \boldsymbol{\zeta} \end{bmatrix} = \begin{bmatrix} \cos\boldsymbol{\psi} & -\sin\boldsymbol{\psi} & 0 \\ \sin\boldsymbol{\psi} & \cos\boldsymbol{\psi} & 0 \\ 0 & 0 & 1 \end{bmatrix} \begin{bmatrix} \boldsymbol{x}_1 \\ \boldsymbol{y}_1 \\ \boldsymbol{\zeta} \end{bmatrix} \tag{2.26}$$

第二次绕 Oy_1 轴旋转纵倾角 $\boldsymbol{\vartheta}$ 后有

$$\begin{bmatrix} \boldsymbol{x}_1 \\ \boldsymbol{y}_1 \\ \boldsymbol{\zeta} \end{bmatrix} = \begin{bmatrix} \cos\boldsymbol{\vartheta} & 0 & \sin\boldsymbol{\vartheta} \\ 0 & 1 & 0 \\ -\sin\boldsymbol{\vartheta} & 0 & \cos\boldsymbol{\vartheta} \end{bmatrix} \begin{bmatrix} \boldsymbol{x} \\ \boldsymbol{y}_1 \\ \boldsymbol{z}_1 \end{bmatrix} \tag{2.27}$$

第三次绕 Ox 轴旋转横倾角 $\boldsymbol{\varphi}$ 后有

$$\begin{bmatrix} \boldsymbol{x} \\ \boldsymbol{y}_1 \\ \boldsymbol{z}_1 \end{bmatrix} = \begin{bmatrix} 1 & 0 & 0 \\ 0 & \cos\boldsymbol{\varphi} & -\sin\boldsymbol{\varphi} \\ 0 & \sin\boldsymbol{\varphi} & \cos\boldsymbol{\varphi} \end{bmatrix} \begin{bmatrix} \boldsymbol{x} \\ \boldsymbol{y} \\ \boldsymbol{z} \end{bmatrix} \tag{2.28}$$

综合式(2.26)～式(2.28)，可得坐标变换的关系式为

$$\begin{bmatrix} \boldsymbol{\xi} \\ \boldsymbol{\eta} \\ \boldsymbol{\zeta} \end{bmatrix} = \begin{bmatrix} \cos\boldsymbol{\psi} & -\sin\boldsymbol{\psi} & 0 \\ \sin\boldsymbol{\psi} & \cos\boldsymbol{\psi} & 0 \\ 0 & 0 & 1 \end{bmatrix} \begin{bmatrix} \cos\boldsymbol{\vartheta} & 0 & \sin\boldsymbol{\vartheta} \\ 0 & 1 & 0 \\ -\sin\boldsymbol{\vartheta} & 0 & \cos\boldsymbol{\vartheta} \end{bmatrix} \begin{bmatrix} 1 & 0 & 0 \\ 0 & \cos\boldsymbol{\varphi} & -\sin\boldsymbol{\varphi} \\ 0 & \sin\boldsymbol{\varphi} & \cos\boldsymbol{\varphi} \end{bmatrix} \begin{bmatrix} \boldsymbol{x} \\ \boldsymbol{y} \\ \boldsymbol{z} \end{bmatrix} \tag{2.29}$$

也可表达为

$$\begin{bmatrix} \boldsymbol{\xi} \\ \boldsymbol{\eta} \\ \boldsymbol{\zeta} \end{bmatrix} = \boldsymbol{T} \begin{bmatrix} \boldsymbol{x} \\ \boldsymbol{y} \\ \boldsymbol{z} \end{bmatrix} \tag{2.30}$$

式中，旋转矩阵 $\boldsymbol{T}$ 为

$$\boldsymbol{T}=\begin{bmatrix}\cos\psi\cos\vartheta & \cos\psi\sin\vartheta\sin\varphi-\sin\psi\cos\varphi & \cos\psi\sin\vartheta\cos\varphi+\sin\psi\sin\varphi\\ \sin\psi\cos\vartheta & \sin\psi\sin\vartheta\sin\varphi+\cos\psi\cos\varphi & \sin\psi\sin\vartheta\cos\varphi-\cos\psi\sin\varphi\\ -\sin\vartheta & \cos\vartheta\sin\varphi & \cos\vartheta\cos\varphi\end{bmatrix}\tag{2.31}$$

逆变换为

$$\begin{bmatrix}x\\ y\\ z\end{bmatrix}=\boldsymbol{T}^{-1}\begin{bmatrix}\xi\\ \eta\\ \zeta\end{bmatrix}\tag{2.32}$$

其中，$\boldsymbol{T}^{-1}$ 为变换矩阵 $\boldsymbol{T}$ 的逆矩阵：

$$\boldsymbol{T}^{-1}=\begin{bmatrix}\cos\vartheta\cos\varphi & \cos\vartheta\sin\varphi & -\sin\vartheta\\ \sin\psi\sin\vartheta\cos\varphi-\cos\psi\sin\varphi & \sin\psi\sin\vartheta\sin\varphi+\cos\psi\cos\varphi & \sin\psi\cos\vartheta\\ \cos\psi\sin\vartheta\cos\varphi+\sin\psi\sin\varphi & \cos\psi\sin\vartheta\sin\varphi-\sin\psi\cos\varphi & \cos\psi\cos\vartheta\end{bmatrix}\tag{2.33}$$

2.3.2 遥控水下机器人动力学模型

为在复杂的环境条件下满足精确控制要求，一个足够好的数学模型是设计控制系统的先决条件。ROV 动力学模型大体可分为三类：基于牛顿-欧拉方程的模型、基于线性系统理论的模型和基于神经网络(neural network)的模型。本书介绍最普遍使用的基于牛顿-欧拉方程的 ROV 模型。

根据流体中刚体的牛顿-欧拉方程，在动系下包含未知干扰项的 ROV 的 6 自由度动力学模型[15]可以描述为

$$\boldsymbol{M}\dot{\boldsymbol{v}}+\boldsymbol{C}(\boldsymbol{v})\boldsymbol{v}+\boldsymbol{D}(\boldsymbol{v})\boldsymbol{v}+\boldsymbol{g}(\boldsymbol{\eta})=\boldsymbol{\tau}_c+\boldsymbol{F}_c\tag{2.34}$$

式中，$\boldsymbol{\eta}$——定系下 ROV 的位置及姿态向量；

$\boldsymbol{v}$——动系下 ROV 的线速度及角速度向量；

$\boldsymbol{M}$——包括附加质量的 ROV 惯性矩阵；

$\boldsymbol{C}(\boldsymbol{v})$——包括附加质量的科里奥利力和向心力矩阵；

$\boldsymbol{D}(\boldsymbol{v})$——水动力阻尼矩阵；

$\boldsymbol{g}(\boldsymbol{\eta})$——重力和浮力产生的力(力矩)向量；

$\boldsymbol{\tau}_c$——推进系统产生的控制力(力矩)向量；

$\boldsymbol{F}_c$——脐带缆拖拽力产生的力(力矩)向量。

2.3.3 遥控水下机器人动力学参数项

1. 质量及惯性矩阵

质量及惯性矩阵 $\boldsymbol{M}$ 包括刚体质量惯性矩阵 $\boldsymbol{M}_{\mathrm{RB}}$ 及水动力附加质量惯性矩阵 $\boldsymbol{M}_A$：

$$\boldsymbol{M}=\boldsymbol{M}_{\mathrm{RB}}+\boldsymbol{M}_A \tag{2.35}$$

为了书写方便，把式(2.34)写成简便的向量形式：

$$\boldsymbol{M}_{\mathrm{RB}}\dot{\boldsymbol{v}}+\boldsymbol{C}_{\mathrm{RB}}(\boldsymbol{v})\boldsymbol{v}=\boldsymbol{\tau}_{\mathrm{RB}} \tag{2.36}$$

上式中 6 自由度刚体质量惯性矩阵 $\boldsymbol{M}_{\mathrm{RB}}$ 为

$$\boldsymbol{M}_{\mathrm{RB}}=\begin{bmatrix} m & 0 & 0 & 0 & m\boldsymbol{z}_G & -m\boldsymbol{y}_G \\ 0 & m & 0 & -m\boldsymbol{z}_G & 0 & m\boldsymbol{x}_G \\ 0 & 0 & m & m\boldsymbol{y}_G & -m\boldsymbol{x}_G & 0 \\ 0 & -m\boldsymbol{z}_G & m\boldsymbol{y}_G & \boldsymbol{I}_x & -\boldsymbol{I}_{xy} & -\boldsymbol{I}_{xz} \\ m\boldsymbol{z}_G & 0 & -m\boldsymbol{x}_G & -\boldsymbol{I}_{yx} & \boldsymbol{I}_y & -\boldsymbol{I}_{yz} \\ -m\boldsymbol{y}_G & m\boldsymbol{x}_G & 0 & -\boldsymbol{I}_{zx} & -\boldsymbol{I}_{zy} & \boldsymbol{I}_z \end{bmatrix} \tag{2.37}$$

刚体质量惯性矩阵 $\boldsymbol{M}_{\mathrm{RB}}$ 的参数唯一，且矩阵满足：

$$\boldsymbol{M}_{\mathrm{RB}}=\boldsymbol{M}_{\mathrm{RB}}^{\mathrm{T}}>0,\quad \dot{\boldsymbol{M}}_{\mathrm{RB}}=0 \tag{2.38}$$

6 自由度刚体科里奥利力和向心力矩阵 $\boldsymbol{C}_{\mathrm{RB}}(\boldsymbol{v})$ 为

$$\boldsymbol{C}_{\mathrm{RB}}(\boldsymbol{v})=\begin{bmatrix} 0 & 0 & 0 & m(\boldsymbol{y}_G\boldsymbol{q}+\boldsymbol{z}_G\boldsymbol{r}) & -m(\boldsymbol{x}_G\boldsymbol{q}-\boldsymbol{w}) & -m(\boldsymbol{x}_G\boldsymbol{p}+\boldsymbol{v}) \\ 0 & 0 & 0 & -m(\boldsymbol{y}_G\boldsymbol{p}+\boldsymbol{w}) & -m(\boldsymbol{z}_G\boldsymbol{r}+\boldsymbol{x}_G\boldsymbol{p}) & -m(\boldsymbol{y}_G\boldsymbol{r}-\boldsymbol{u}) \\ 0 & 0 & 0 & -m(\boldsymbol{z}_G\boldsymbol{p}-\boldsymbol{v}) & -m(\boldsymbol{z}_G\boldsymbol{q}+\boldsymbol{u}) & m(\boldsymbol{x}_G\boldsymbol{p}+\boldsymbol{y}_G\boldsymbol{q}) \\ -m(\boldsymbol{y}_G\boldsymbol{q}+\boldsymbol{z}_G\boldsymbol{r}) & m(\boldsymbol{y}_G\boldsymbol{p}+\boldsymbol{w}) & m(\boldsymbol{z}_G\boldsymbol{p}-\boldsymbol{v}) & 0 & -\boldsymbol{I}_{yz}\boldsymbol{q}-\boldsymbol{I}_{xz}\boldsymbol{p}+\boldsymbol{I}_z\boldsymbol{r} & \boldsymbol{I}_{yz}\boldsymbol{r}+\boldsymbol{I}_{xy}\boldsymbol{p}-\boldsymbol{I}_y\boldsymbol{q} \\ m(\boldsymbol{x}_G\boldsymbol{q}+\boldsymbol{w}) & -m(\boldsymbol{z}_G\boldsymbol{r}+\boldsymbol{x}_G\boldsymbol{p}) & m(\boldsymbol{z}_G\boldsymbol{p}+\boldsymbol{u}) & \boldsymbol{I}_{yz}\boldsymbol{q}+\boldsymbol{I}_{xz}\boldsymbol{p}-\boldsymbol{I}_z\boldsymbol{r} & 0 & -\boldsymbol{I}_{xz}\boldsymbol{r}-\boldsymbol{I}_{xy}\boldsymbol{q}+\boldsymbol{I}_x\boldsymbol{p} \\ m(\boldsymbol{x}_G\boldsymbol{p}+\boldsymbol{v}) & m(\boldsymbol{y}_G\boldsymbol{r}-\boldsymbol{u}) & -m(\boldsymbol{x}_G\boldsymbol{p}+\boldsymbol{y}_G\boldsymbol{q}) & -\boldsymbol{I}_{yz}\boldsymbol{r}-\boldsymbol{I}_{xy}\boldsymbol{p}+\boldsymbol{I}_y\boldsymbol{q} & \boldsymbol{I}_{xz}\boldsymbol{r}-\boldsymbol{I}_{xy}\boldsymbol{q}-\boldsymbol{I}_x\boldsymbol{p} & 0 \end{bmatrix} \tag{2.39}$$

科里奥利力和向心力矩阵 $\boldsymbol{C}_{\mathrm{RB}}(v)$ 称为斜对称矩阵，满足：

$$\boldsymbol{C}_{\mathrm{RB}}(\boldsymbol{v}) = -\boldsymbol{C}_{\mathrm{RB}}^{\mathrm{T}}(\boldsymbol{v}) \tag{2.40}$$

2. 水动力模型

ROV 同时受到流体惯性水动力和黏性水动力的影响，分别进行建模。

当物体在理想流体中做非定常运动时，所受到的水动力的大小与物体运动的加速度成比例，方向与加速度方向相反。由于其影响与物体的惯性相似，所以将此类水动力称为惯性水动力，而将比例常数称为附加质量。附加质量的主符号代表产生的附加质量、附加质量静矩和附加转动惯量的方向，而下标则表示运动的方向。如 $X_{\dot{v}}$ 为 ROV 沿 Oy 轴以单位加速度运动时，在 Ox 轴方向产生的附加质量。如 $X_{\dot{q}}$ 为 ROV 绕 Oy 轴以单位角加速度运动时，产生的绕 Ox 轴方向的附加转动惯量。

任意形状的刚体，在无边理想流体中运动时，流体扰动运动的动能为

$$\boldsymbol{T}_A = \frac{1}{2}\boldsymbol{v}^{\mathrm{T}}\boldsymbol{M}_A\boldsymbol{v} \tag{2.41}$$

式中，附加质量惯性矩阵 $\boldsymbol{M}_A$ 定义如下：

$$\boldsymbol{M}_A = -\begin{bmatrix} \boldsymbol{X}_{\dot{u}} & \boldsymbol{X}_{\dot{v}} & \boldsymbol{X}_{\dot{w}} & \boldsymbol{X}_{\dot{w}} & \boldsymbol{X}_{\dot{q}} & \boldsymbol{X}_{\dot{r}} \\ \boldsymbol{Y}_{\dot{u}} & \boldsymbol{Y}_{\dot{v}} & \boldsymbol{Y}_{\dot{w}} & \boldsymbol{Y}_{\dot{w}} & \boldsymbol{Y}_{\dot{q}} & \boldsymbol{Y}_{\dot{r}} \\ \boldsymbol{Z}_{\dot{u}} & \boldsymbol{Z}_{\dot{v}} & \boldsymbol{Z}_{\dot{w}} & \boldsymbol{Z}_{\dot{w}} & \boldsymbol{Z}_{\dot{q}} & \boldsymbol{Z}_{\dot{r}} \\ \boldsymbol{K}_{\dot{u}} & \boldsymbol{K}_{\dot{v}} & \boldsymbol{K}_{\dot{w}} & \boldsymbol{K}_{\dot{w}} & \boldsymbol{K}_{\dot{q}} & \boldsymbol{K}_{\dot{r}} \\ \boldsymbol{M}_{\dot{u}} & \boldsymbol{M}_{\dot{v}} & \boldsymbol{M}_{\dot{w}} & \boldsymbol{M}_{\dot{w}} & \boldsymbol{M}_{\dot{q}} & \boldsymbol{M}_{\dot{r}} \\ \boldsymbol{N}_{\dot{u}} & \boldsymbol{N}_{\dot{v}} & \boldsymbol{N}_{\dot{w}} & \boldsymbol{N}_{\dot{w}} & \boldsymbol{N}_{\dot{q}} & \boldsymbol{N}_{\dot{r}} \end{bmatrix} \tag{2.42}$$

对于处于静止状态的理想流体中的刚体，在无伴随波浪、无洋流的情况下，附加质量惯性矩阵 $\boldsymbol{M}_A$ 为对称矩阵且正定，即

$$\boldsymbol{M}_A = \boldsymbol{M}_A^{\mathrm{T}} > 0 \tag{2.43}$$

由于 $\boldsymbol{M}_{Aij} = \boldsymbol{M}_{Aji}$，则 $\boldsymbol{M}_A$ 中的独立参数将由 36 个降为 21 个。把式(2.41)展开可得

$$\begin{aligned} \boldsymbol{T}_A = -\frac{1}{2}\Big[& \boldsymbol{X}_{\dot{u}}\boldsymbol{u}^2 + \boldsymbol{Y}_{\dot{v}}\boldsymbol{v}^2 + \boldsymbol{Z}_{\dot{w}}\boldsymbol{w}^2 + \boldsymbol{K}_{\dot{p}}\boldsymbol{p}^2 + \boldsymbol{M}_{\dot{q}}\boldsymbol{q}^2 + \boldsymbol{N}_{\dot{r}}\boldsymbol{r}^2 + 2\boldsymbol{Y}_{\dot{w}}\boldsymbol{vw} \\ & + 2\boldsymbol{X}_{\dot{w}}\boldsymbol{wu} + 2\boldsymbol{X}_{\dot{v}}\boldsymbol{uv} + 2\boldsymbol{M}_{\dot{r}}\boldsymbol{qr} + 2\boldsymbol{K}_{\dot{r}}\boldsymbol{rp} + 2\boldsymbol{K}_{\dot{q}}\boldsymbol{pq} + 2\boldsymbol{X}_{\dot{p}}\boldsymbol{pu} + 2\boldsymbol{Y}_{\dot{p}}\boldsymbol{vp} \\ & + 2\boldsymbol{Z}_{\dot{p}}\boldsymbol{wp} + 2\boldsymbol{X}_{\dot{q}}\boldsymbol{qu} + 2\boldsymbol{Y}_{\dot{q}}\boldsymbol{vq} + 2\boldsymbol{Z}_{\dot{q}}\boldsymbol{wq} + 2\boldsymbol{X}_{\dot{r}}\boldsymbol{ru} + 2\boldsymbol{Y}_{\dot{r}}\boldsymbol{vr} + 2\boldsymbol{Z}_{\dot{r}}\boldsymbol{wr} \Big] \end{aligned} \tag{2.44}$$

流体扰动运动的动量/动量矩 $\boldsymbol{B}_i$ 与动能 $\boldsymbol{T}$ 的关系为

$$\boldsymbol{B}_i = \frac{\partial \boldsymbol{T}}{\partial \boldsymbol{v}_i},\quad i = 1,2,\cdots,6 \tag{2.45}$$

把式(2.44)代入式(2.45)后展开，可得流体的动量、动量矩在动系上的投影：

$$\begin{cases} \boldsymbol{B}_1 = \boldsymbol{B}_x = \dfrac{\partial \boldsymbol{T}}{\partial \boldsymbol{u}} = -\boldsymbol{X}_{\dot{u}}\boldsymbol{u} \\ \boldsymbol{B}_2 = \boldsymbol{B}_y = \dfrac{\partial \boldsymbol{T}}{\partial \boldsymbol{v}} = -\boldsymbol{Y}_{\dot{v}}\boldsymbol{v} - \boldsymbol{Y}_{\dot{p}}\boldsymbol{p} - \boldsymbol{Y}_{\dot{r}}\boldsymbol{r} \\ \boldsymbol{B}_3 = \boldsymbol{B}_z = \dfrac{\partial \boldsymbol{T}}{\partial \boldsymbol{w}} = -\boldsymbol{Z}_{\dot{w}}\boldsymbol{w} - \boldsymbol{Z}_{\dot{q}}\boldsymbol{q} \\ \boldsymbol{B}_4 = \boldsymbol{K}_x = \dfrac{\partial \boldsymbol{T}}{\partial \boldsymbol{p}} = -\boldsymbol{K}_{\dot{p}}\boldsymbol{p} - \boldsymbol{K}_{\dot{r}}\boldsymbol{r} - \boldsymbol{Y}_{\dot{p}} \\ \boldsymbol{B}_5 = \boldsymbol{K}_y = \dfrac{\partial \boldsymbol{T}}{\partial \boldsymbol{q}} = -\boldsymbol{M}_{\dot{q}}\boldsymbol{q} - \boldsymbol{Z}_{\dot{q}}\boldsymbol{w} \\ \boldsymbol{B}_6 = \boldsymbol{K}_z = \dfrac{\partial \boldsymbol{T}}{\partial \boldsymbol{r}} = -\boldsymbol{N}_{\dot{r}}\boldsymbol{r} - \boldsymbol{K}_{\dot{r}}\boldsymbol{p} - \boldsymbol{Y}_{\dot{r}}\boldsymbol{v} \end{cases} \tag{2.46}$$

其中，动量和动量矩分别表示为

$$\begin{cases} \boldsymbol{B} = \begin{bmatrix} \boldsymbol{B}_x & \boldsymbol{B}_y & \boldsymbol{B}_z \end{bmatrix}^{\mathrm{T}} \\ \boldsymbol{K} = \begin{bmatrix} \boldsymbol{K}_x & \boldsymbol{K}_y & \boldsymbol{K}_z \end{bmatrix}^{\mathrm{T}} \end{cases} \tag{2.47}$$

对于定系，动量、动量矩对时间求导，则有

$$\begin{cases} \dfrac{\mathrm{d}\boldsymbol{B}}{\mathrm{d}t} = \dfrac{\mathrm{d}\widetilde{\boldsymbol{B}}}{\mathrm{d}t} + \boldsymbol{\Omega} \times \boldsymbol{B} = \boldsymbol{F} \\ \dfrac{\mathrm{d}\boldsymbol{K}}{\mathrm{d}t} = \dfrac{\mathrm{d}\widetilde{\boldsymbol{K}}}{\mathrm{d}t} + \boldsymbol{\Omega} \times \boldsymbol{K} + \boldsymbol{V} \times \boldsymbol{B} = \boldsymbol{M} \end{cases} \tag{2.48}$$

式中，$\dfrac{\mathrm{d}\boldsymbol{B}}{\mathrm{d}t}$——向量对于定系的时间导数；

$\dfrac{\mathrm{d}\widetilde{\boldsymbol{B}}}{\mathrm{d}t}$——向量对于动系的时间导数；

$\dfrac{\mathrm{d}\boldsymbol{K}}{\mathrm{d}t}$——向量矩对于定系的时间导数；

$\dfrac{\mathrm{d}\widetilde{\boldsymbol{K}}}{\mathrm{d}t}$——向量矩对于动系的时间导数。

动量 $\boldsymbol{B} = m\boldsymbol{V}$ 在动系上的投影为

$$\boldsymbol{B}_x = m\boldsymbol{u}, \boldsymbol{B}_y = m\boldsymbol{v}, \boldsymbol{B}_z = m\boldsymbol{w} \tag{2.49}$$

近似认为 $O\text{-}xyz$ 是 ROV 的中心惯性主轴，则 ROV 的动量矩 $\boldsymbol{K}$ 在动系上的投影为

$$\boldsymbol{K}_x = \boldsymbol{I}_x\boldsymbol{p},\quad \boldsymbol{K}_y = \boldsymbol{I}_y\boldsymbol{q},\quad \boldsymbol{K}_z = \boldsymbol{I}_z\boldsymbol{r} \tag{2.50}$$

并且有

$$\boldsymbol{\Omega} \times \boldsymbol{B} = \begin{vmatrix} \boldsymbol{i} & \boldsymbol{j} & \boldsymbol{k} \\ \boldsymbol{p} & \boldsymbol{q} & \boldsymbol{r} \\ \boldsymbol{B}_x & \boldsymbol{B}_y & \boldsymbol{B}_z \end{vmatrix} = \boldsymbol{i}(\boldsymbol{q}\boldsymbol{B}_z - \boldsymbol{r}\boldsymbol{B}_y) + \boldsymbol{j}(\boldsymbol{r}\boldsymbol{B}_x - \boldsymbol{p}\boldsymbol{B}_z) + \boldsymbol{k}(\boldsymbol{p}\boldsymbol{B}_y - \boldsymbol{q}\boldsymbol{B}_x) \tag{2.51}$$

$$\boldsymbol{\Omega} \times \boldsymbol{K} = \begin{vmatrix} \boldsymbol{i} & \boldsymbol{j} & \boldsymbol{k} \\ \boldsymbol{p} & \boldsymbol{q} & \boldsymbol{r} \\ \boldsymbol{K}_x & \boldsymbol{K}_y & \boldsymbol{K}_z \end{vmatrix} = \boldsymbol{i}(\boldsymbol{q}\boldsymbol{K}_z - \boldsymbol{r}\boldsymbol{K}_y) + \boldsymbol{j}(\boldsymbol{r}\boldsymbol{K}_x - \boldsymbol{p}\boldsymbol{K}_z) + \boldsymbol{k}(\boldsymbol{p}\boldsymbol{K}_y - \boldsymbol{q}\boldsymbol{K}_x) \tag{2.52}$$

$$\boldsymbol{V} \times \boldsymbol{B} = \begin{vmatrix} \boldsymbol{i} & \boldsymbol{j} & \boldsymbol{k} \\ \boldsymbol{u} & \boldsymbol{v} & \boldsymbol{w} \\ \boldsymbol{B}_x & \boldsymbol{B}_y & \boldsymbol{B}_z \end{vmatrix} = \boldsymbol{i}(\boldsymbol{v}\boldsymbol{B}_z - \boldsymbol{w}\boldsymbol{B}_y) + \boldsymbol{j}(\boldsymbol{w}\boldsymbol{B}_x - \boldsymbol{u}\boldsymbol{B}_z) + \boldsymbol{k}(\boldsymbol{u}\boldsymbol{B}_y - \boldsymbol{v}\boldsymbol{B}_x) \tag{2.53}$$

ROV 所受的流体惯性水动力 $\boldsymbol{F}_A$ 和力矩 $\boldsymbol{M}_A$ 为

$$\begin{cases} \boldsymbol{F}_A = -\dfrac{\mathrm{d}\boldsymbol{B}}{\mathrm{d}t} \\ \boldsymbol{M}_A = -\dfrac{\mathrm{d}\boldsymbol{K}}{\mathrm{d}t} \end{cases} \tag{2.54}$$

由式(2.48)～式(2.54)可得惯性力、惯性力矩在动系上的投影表达式：

$$\begin{cases} \boldsymbol{X}_A = -\dfrac{\mathrm{d}\boldsymbol{B}_x}{\mathrm{d}t} + \boldsymbol{r}\boldsymbol{B}_y - \boldsymbol{q}\boldsymbol{B}_z \\ \boldsymbol{Y}_A = -\dfrac{\mathrm{d}\boldsymbol{B}_y}{\mathrm{d}t} + \boldsymbol{p}\boldsymbol{B}_z - \boldsymbol{r}\boldsymbol{B}_x \\ \boldsymbol{Z}_A = -\dfrac{\mathrm{d}\boldsymbol{B}_z}{\mathrm{d}t} + \boldsymbol{q}\boldsymbol{B}_x - \boldsymbol{p}\boldsymbol{B}_y \\ \boldsymbol{K}_A = -\dfrac{\mathrm{d}\boldsymbol{K}_x}{\mathrm{d}t} + \boldsymbol{w}\boldsymbol{B}_y - \boldsymbol{v}\boldsymbol{B}_z + \boldsymbol{r}\boldsymbol{K}_y - \boldsymbol{q}\boldsymbol{K}_z \\ \boldsymbol{M}_A = -\dfrac{\mathrm{d}\boldsymbol{K}_y}{\mathrm{d}t} + \boldsymbol{u}\boldsymbol{B}_z - \boldsymbol{w}\boldsymbol{B}_x + \boldsymbol{p}\boldsymbol{K}_z - \boldsymbol{r}\boldsymbol{K}_x \\ \boldsymbol{N}_A = -\dfrac{\mathrm{d}\boldsymbol{K}_z}{\mathrm{d}t} + \boldsymbol{v}\boldsymbol{B}_x - \boldsymbol{u}\boldsymbol{B}_y + \boldsymbol{q}\boldsymbol{K}_x - \boldsymbol{p}\boldsymbol{K}_y \end{cases} \tag{2.55}$$

把 $\boldsymbol{B}_i (i=1,2,\cdots,6)$ 代入式(2.55)，得到作用于 ROV 的流体惯性力一般表达式为

$$
\left\{
\begin{aligned}
X_A &= X_{\dot u}\dot u + X_{\dot w}(\dot w + uq) + X_{\dot q}\dot q + Z_{\dot w}wq + Z_{\dot q}\dot q^2 + X_{\dot v}\dot v + X_{\dot p}\dot p + X_{\dot r}\dot r \\
&\quad - Y_{\dot v}vr - Y_{\dot p}rp - Y_{\dot r}r^2 - X_{\dot v}ur - Y_{\dot w}wr + Y_{\dot w}vq + Z_{\dot p}pq - (Y_{\dot q} - Z_{\dot r})qr \\
Y_A &= X_{\dot v}\dot u + Y_{\dot w}w + Y_{\dot q}q + Y_{\dot v}v + Y_{\dot r}r + X_{\dot v}vr - Y_{\dot w}vp + X_{\dot r}r^2 + (X_{\dot p} - Z_{\dot r})rp \\
&\quad - Z_{\dot p}p^2 - X_{\dot w}(up - wr) + X_{\dot u}ur - Z_{\dot w}wp - Z_{\dot q}pq + X_{\dot q}qr \\
Z_A &= X_{\dot w}(\dot u - wq) + Z_{\dot w}w + Z_{\dot q}q - X_{\dot u}uq - X_{\dot q}\dot q^2 + Y_{\dot w}\dot v + Z_{\dot p}\dot p + Z_{\dot r}\dot r \\
&\quad + Y_{\dot v}vp + Y_{\dot r}pr + Y_{\dot p}p^2 + X_{\dot v}up + Y_{\dot w}wp - X_{\dot v}vq - (X_{\dot p} - Y_{\dot q})pq \\
&\quad - X_{\dot r}qr \\
K_A &= X_{\dot p}\dot u + Z_{\dot p}\dot w + K_{\dot q}q - X_{\dot v}uq - Y_{\dot w}w^2 - \left(Y_{\dot q} - Z_{\dot r}\right)wq + M_{\dot r}q^2 + Y_{\dot p}\dot v \\
&\quad + K_{\dot p}p + K_{\dot r}\dot r + Y_{\dot w}v^2 - (Y_{\dot q} - Z_{\dot r})vr + Z_{\dot p}vp - M_{\dot r}r^2 - K_{\dot q}rp + X_{\dot w}uv \\
&\quad - (Y_{\dot v} - Z_{\dot w})vw + (Y_{\dot r} + Z_{\dot q})wr - Y_{\dot p}wp - X_{\dot q}ur + (Y_{\dot r} + Z_{\dot q})vq \\
&\quad + K_{\dot r}pq - (M_{\dot q} - N_{\dot r})qr \\
M_A &= X_{\dot q}(\dot u + wq) + Z_{\dot q}(\dot w - uq) + M_{\dot q}q - X_{\dot w}(u^2 - w^2) - (Z_{\dot w} - X_{\dot u})uw \\
&\quad + Y_{\dot q}\dot v + K_{\dot q}\dot q + M_{\dot r}\dot r + Y_{\dot p}vr - Y_{\dot r}vp - K_{\dot r}(p^2 - r^2) + (K_{\dot p} - N_{\dot r})pr \\
&\quad - Y_{\dot w}uv + X_{\dot v}vw - (X_{\dot r} + Z_{\dot p})(up - wr) + (X_{\dot p} - Z_{\dot r})(wp + ur) \\
&\quad - M_{\dot r}pq + K_{\dot q}qr \\
N_A &= X_{\dot r}\dot u + Z_{\dot r}\dot w + M_{\dot r}\dot q + X_{\dot v}u^2 + Y_{\dot w}wu - (X_{\dot p} - Y)uq - Z_{\dot p}wq - K_{\dot q}q^2 \\
&\quad + Y_{\dot r}\dot v + K_{\dot r}\dot p + N_{\dot r}\dot r - X_{\dot v}v^2 - X_{\dot r}vr - (X_{\dot p} - Y_{\dot q})vp + M_{\dot r}rp + K_{\dot q}q^2 \\
&\quad - (X_{\dot u} - Y_{\dot v})uv - X_{\dot w}vw + (X_{\dot q} + Y_{\dot p})up + Y_{\dot r}ur + Z_{\dot q}wp \\
&\quad - (X_{\dot q} + Y_{\dot p})vq - (K_{\dot p} - M_{\dot q})pq - K_{\dot r}qr
\end{aligned}
\right. \tag{2.56}
$$

从上式可得到 ROV 在理想流体中运动时，附加质量的科里奥利力和向心力矩阵 $\boldsymbol{C}_A(\boldsymbol{v})$：

$$
\boldsymbol{C}_A(\boldsymbol{v}) = \begin{bmatrix}
0 & 0 & 0 & 0 & -a_3 & a_2 \\
0 & 0 & 0 & a_3 & 0 & -a_1 \\
0 & 0 & 0 & -a_2 & a_1 & 0 \\
0 & -a_3 & a_2 & 0 & -b_3 & b_2 \\
a_3 & 0 & -a_1 & b_3 & 0 & -b_1 \\
-a_2 & a_1 & 0 & -b_2 & b_1 & 0
\end{bmatrix} \tag{2.57}
$$

式中，

$$\begin{cases} a_1 = \boldsymbol{X}_{\dot{u}}\boldsymbol{u} + \boldsymbol{X}_{\dot{v}}\boldsymbol{v} + \boldsymbol{X}_{\dot{w}}\boldsymbol{w} + \boldsymbol{X}_{\dot{p}}\boldsymbol{p} + \boldsymbol{X}_{\dot{q}}\boldsymbol{q} + \boldsymbol{X}_{\dot{r}}\boldsymbol{r} \\ a_2 = \boldsymbol{X}_{\dot{v}}\boldsymbol{u} + \boldsymbol{Y}_{\dot{v}}\boldsymbol{v} + \boldsymbol{Y}_{\dot{w}}\boldsymbol{w} + \boldsymbol{Y}_{\dot{p}}\boldsymbol{p} + \boldsymbol{Y}_{\dot{q}}\boldsymbol{q} + \boldsymbol{Y}_{\dot{r}}\boldsymbol{r} \\ a_3 = \boldsymbol{X}_{\dot{w}}\boldsymbol{u} + \boldsymbol{X}_{\dot{w}}\boldsymbol{v} + \boldsymbol{Z}_{\dot{w}}\boldsymbol{w} + \boldsymbol{Z}_{\dot{p}}\boldsymbol{p} + \boldsymbol{Z}_{\dot{q}}\boldsymbol{q} + \boldsymbol{Z}_{\dot{r}}\boldsymbol{r} \\ b_1 = \boldsymbol{X}_{\dot{p}}\boldsymbol{u} + \boldsymbol{Y}_{\dot{p}}\boldsymbol{v} + \boldsymbol{Z}_{\dot{p}}\boldsymbol{w} + \boldsymbol{K}_{\dot{p}}\boldsymbol{p} + \boldsymbol{K}_{\dot{q}}\boldsymbol{q} + \boldsymbol{K}_{\dot{r}}\dot{\boldsymbol{r}} \\ b_2 = \boldsymbol{X}_{\dot{q}}\boldsymbol{u} + \boldsymbol{Y}_{\dot{q}}\boldsymbol{v} + \boldsymbol{Z}_{\dot{q}}\boldsymbol{w} + \boldsymbol{K}_{\dot{q}}\boldsymbol{p} + \boldsymbol{M}_{\dot{q}}\boldsymbol{q} + \boldsymbol{M}_{\dot{r}}\boldsymbol{r} \\ b_3 = \boldsymbol{X}_{\dot{r}}\boldsymbol{u} + \boldsymbol{Y}_{\dot{r}}\boldsymbol{v} + \boldsymbol{Z}_{\dot{r}}\boldsymbol{w} + \boldsymbol{K}_{\dot{r}}\boldsymbol{p} + \boldsymbol{M}_{\dot{r}}\boldsymbol{q} + \boldsymbol{N}_{\dot{r}}\boldsymbol{r} \end{cases} \tag{2.58}$$

$\boldsymbol{C}_A(v)$为斜对称矩阵，满足：

$$\boldsymbol{C}_A(\boldsymbol{v}) = -\boldsymbol{C}_A(\boldsymbol{v})^{\mathrm{T}} \tag{2.59}$$

对于在无限深、广、静水中运动的 ROV，其所受的黏性水动力取决于 ROV 的运动情况，黏性水动力一般表示式为

$$\begin{aligned} \boldsymbol{F} &= \boldsymbol{f}(\boldsymbol{u},\boldsymbol{v},\boldsymbol{w},\boldsymbol{p},\boldsymbol{q},\boldsymbol{r}) \\ &= \boldsymbol{F}_0 + \sum_{k=1}^{n}\frac{1}{(2k-1)!}\left[\left(\Delta\boldsymbol{u}\frac{\partial}{\partial\boldsymbol{u}} + \Delta\boldsymbol{v}\frac{\partial}{\partial\boldsymbol{v}} + \Delta\boldsymbol{w}\frac{\partial}{\partial\boldsymbol{w}} + \Delta\boldsymbol{p}\frac{\partial}{\partial\boldsymbol{p}} + \Delta\boldsymbol{q}\frac{\partial}{\partial\boldsymbol{q}} + \Delta\boldsymbol{r}\frac{\partial}{\partial\boldsymbol{r}}\right)^{2k-1}\boldsymbol{F}_0\right] \end{aligned} \tag{2.60}$$

式中，$\boldsymbol{F}$——$\boldsymbol{X}$、$\boldsymbol{Y}$、$\boldsymbol{Z}$、$\boldsymbol{K}$、$\boldsymbol{M}$、$\boldsymbol{N}$ 方向上的黏性水动力；

$\boldsymbol{F}_0$——$\boldsymbol{F}$ 在级数展开点的值；

$\Delta\boldsymbol{u}$、$\Delta\boldsymbol{v}$、$\Delta\boldsymbol{w}$、$\Delta\boldsymbol{p}$、$\Delta\boldsymbol{q}$、$\Delta\boldsymbol{r}$——各自变量对于展开点的增量。

上述展开式中的常数项即为水动力系数。

对于研究 ROV 的不稳定性运动问题，需要考虑运动参数的非线性项，如偏航力矩的非线性项在数值上大约是线性项的 10 倍。而实际情况是，水动力基本上和水动力角的平方成比例，此外，二阶系数在计算时也比较方便。

在展开点展开时，考虑到 ROV 的对称性、运动特点（弱机动与强机动，水平面与垂直面等）、便于计算、使用操纵性数学模型的形式和水动力系数对操纵运动影响的大小等因素，予以必要的简化处理，对水平面和垂直面运动分述如下。

由于 ROV 近似左右对称于纵中剖面，当 $\boldsymbol{v}$、$\boldsymbol{r}$ 改变方向（正负号）时，力 $\boldsymbol{X}$ 的大小和方向都不改变，故力 $\boldsymbol{X}$ 是 $\boldsymbol{v}$、$\boldsymbol{r}$ 的偶函数。$\boldsymbol{X}$ 的表达式中不含 $\boldsymbol{v}$、$\boldsymbol{v}^3$、$\boldsymbol{r}$、$\boldsymbol{r}^3$、$\boldsymbol{v}^2\boldsymbol{r}$、$\boldsymbol{v}\boldsymbol{r}^2$ 等奇次项，故这些项的系数为零。同理，当 $\boldsymbol{v}$、$\boldsymbol{r}$ 改变符号时，$\boldsymbol{Y}$、$\boldsymbol{N}$ 的大小不变，只改变符号，即 $\boldsymbol{Y}$、$\boldsymbol{N}$ 是 $\boldsymbol{v}$、$\boldsymbol{r}$ 的奇函数，故 $\boldsymbol{Y}$、$\boldsymbol{N}$ 对 $\boldsymbol{v}$、$\boldsymbol{r}$ 的偶次阶

导数和偶次阶耦合导数皆为零。

由$\boldsymbol{v}$、$\boldsymbol{r}$引起的$\boldsymbol{Y}$、$\boldsymbol{N}$的非线性部分$\boldsymbol{Y}_{\mathrm{NL}}$、$\boldsymbol{N}_{\mathrm{NL}}$可表示为

$$\begin{cases}\boldsymbol{Y}_{\mathrm{NL}}=\boldsymbol{Y}_{v|v|}\boldsymbol{v}|\boldsymbol{v}|+\boldsymbol{Y}_{v|r|}\boldsymbol{v}|\boldsymbol{r}|+\boldsymbol{Y}_{r|r|}\boldsymbol{r}|\boldsymbol{r}|\\ \boldsymbol{N}_{\mathrm{NL}}=\boldsymbol{N}_{v|v|}\boldsymbol{v}|\boldsymbol{v}|+\boldsymbol{N}_{v|r|}\boldsymbol{v}|\boldsymbol{r}|+\boldsymbol{N}_{r|r|}\boldsymbol{r}|\boldsymbol{r}|\end{cases}\tag{2.61}$$

式中，$\boldsymbol{Y}_{r|r|}$项较小，通常略去；$\boldsymbol{v}|\boldsymbol{v}|$、$\boldsymbol{r}|\boldsymbol{r}|$等表示该项的大小与$\boldsymbol{v}^2$、$\boldsymbol{r}^2$成正比，而符号分别与$\boldsymbol{v}$、$\boldsymbol{r}$符号相同，$\boldsymbol{v}|\boldsymbol{r}|$表示该项的大小与$|\boldsymbol{v}||\boldsymbol{r}|$成正比，而符号与$\boldsymbol{v}$符号相同；耦合水动力$\boldsymbol{Y}_{v|r|}\boldsymbol{v}|\boldsymbol{r}|$表示$\boldsymbol{r}$对$\boldsymbol{Y}(\boldsymbol{v})$的影响；耦合水动力矩$\boldsymbol{N}_{v|r|}\boldsymbol{v}|\boldsymbol{r}|$是$\boldsymbol{r}$对$\boldsymbol{N}(\boldsymbol{v})$的影响，它们的符号则由$\boldsymbol{v}$决定。

综上得出当前常用的水平面运动的黏性非线性水动力：

$$\begin{cases}\boldsymbol{X}=\boldsymbol{X}_{uu}\boldsymbol{u}^2+\boldsymbol{X}_{vv}\boldsymbol{v}^2+\boldsymbol{X}_{rr}\boldsymbol{r}^2+\boldsymbol{X}_{vr}\boldsymbol{v}\boldsymbol{r}\\ \boldsymbol{Y}=\boldsymbol{Y}_{v}\boldsymbol{v}+\boldsymbol{Y}_{r}\boldsymbol{r}+\boldsymbol{Y}_{v|v|}\boldsymbol{v}|\boldsymbol{v}|+\boldsymbol{Y}_{v|r|}\boldsymbol{v}|\boldsymbol{r}|+\boldsymbol{Y}_{r|r|}\boldsymbol{r}|\boldsymbol{r}|\\ \boldsymbol{N}=\boldsymbol{N}_{v}\boldsymbol{v}+\boldsymbol{N}_{r}\boldsymbol{r}+\boldsymbol{N}_{v|v|}\boldsymbol{v}|\boldsymbol{v}|+\boldsymbol{N}_{v|r|}\boldsymbol{v}|\boldsymbol{r}|+\boldsymbol{N}_{r|r|}\boldsymbol{r}|\boldsymbol{r}|\end{cases}\tag{2.62}$$

垂直面运动的 ROV 的黏性水动力表达式和水平面运动的情况基本相同，其中主要区别是由于 ROV 上下不对称，当改变$\boldsymbol{w}$方向时，正负攻角$\boldsymbol{\alpha}$所引起的水动力是有差别的，$\boldsymbol{Z}(+\boldsymbol{w})$与$\boldsymbol{Z}(-\boldsymbol{w})$的变化规律也不同，此时垂向速度所引起的非线性水动力部分$\boldsymbol{Z}(\boldsymbol{w})_{\mathrm{NL}}$、$\boldsymbol{M}(\boldsymbol{w})_{\mathrm{NL}}$可类似地表示为

$$\begin{cases}\boldsymbol{Z}(\boldsymbol{w})_{\mathrm{NL}}=\boldsymbol{Z}_{w|w|}\boldsymbol{w}|\boldsymbol{w}|+\boldsymbol{Z}_{ww}\boldsymbol{w}^2\\ \boldsymbol{M}(\boldsymbol{w})_{\mathrm{NL}}=\boldsymbol{M}_{w|w|}\boldsymbol{w}|\boldsymbol{w}|+\boldsymbol{M}_{ww}\boldsymbol{w}^2\end{cases}\tag{2.63}$$

式中，$\boldsymbol{Z}_{w|w|}=\dfrac{1}{2}\left(\boldsymbol{Z}_{w|w|}^{(+)}+\boldsymbol{Z}_{w|w|}^{(-)}\right)$表示二阶速度力系数的平均值；

$\boldsymbol{Z}_{ww}=\boldsymbol{Z}_{w|w|}^{(+)}-\boldsymbol{Z}_{w|w|}^{(-)}$表示二阶速度力系数的修正值；

$\boldsymbol{M}_{w|w|}=\dfrac{1}{2}\left(\boldsymbol{M}_{w|w|}^{(+)}+\boldsymbol{M}_{w|w|}^{(-)}\right)$表示二阶速度力矩系数的平均值；

$\boldsymbol{M}_{ww}=\boldsymbol{M}_{w|w|}^{(+)}-\boldsymbol{M}_{w|w|}^{(-)}$表示二阶速度力矩系数的修正值。

ROV 上下不对称，对于其他的水动力也会造成类似的影响。但是，鉴于这种处理方法使得水动力的表达式大为复杂化，而且这种不对称性的影响尚属小量级，因此，其余的水动力系数不再考虑不对称的修正。

与水平面运动类似，垂直面运动的黏性非线性水动力可表示为

$$\begin{cases} X = X_{uu}u^2 + X_{ww}w^2 + X_{qq}q^2 + X_{wq}wq \\ Z = Z_w w + Z_{|w|}|w| + Z_q q + Z_{w|w|}w|w| + Z_{ww}w^2 + Z_{w|q|}w|q| + Z_{q|q|}q|q| \\ M = M_w w + M_{|w|}|w| + M_q q + M_{w|w|}w|w| + M_{ww}w^2 + M_{w|q|}w|q| + M_{q|q|}q|q| \end{cases} \tag{2.64}$$

由于 ROV 左右对称，故垂直面运动参数 w、q 只引起 $Z(w,q)$ 、$M(w,q)$ 而不会产生 N、K 方向的力(力矩)。但因为 ROV 上下不对称，水平面运动参数 v、r 不只引起 $Y(v,r)$、$N(v,r)$，而且还会产生 $Z(v,r)$，$M(v,r)$ 和 $K(v,r)$ 。$Z(v,r)$、$M(v,r)$ 为偶函数，分别指水平面回转运动引起的垂直面的下沉力和尾倾力矩，而 $K(v,r)$ 是奇函数。它们可写成

$$\begin{aligned} Z(v,r) &= Z_{vv}v^2 + Z_{rr}r^2 + Z_{vr}vr \\ M(v,r) &= M_{vv}v^2 + M_{rr}r^2 + M_{vr}vr \\ K(v,r) &= K_v v + K_{v|v|}v|v| + K_r r + K_{r|r|}r|r| \end{aligned} \tag{2.65}$$

ROV 在直航中迭加横倾角速度 p，其瞬间运动犹如螺旋运动。该运动对于 ROV 的影响是引起了横倾阻尼力矩。由 p 引起的横倾阻尼力矩可分成线性项 $K_p p$ 和非线性项 $K_{p|p|}p|p|$ 。此外，如果直航时相对于 ROV 的流动存在不对称性，还有零力矩 $K_0 u^2$ 。故有

$$K(p) = K_0 u^2 + K_p p + K_{p|p|}p|p| \tag{2.66}$$

另外，由于 ROV 上下不对称，引起的附加水动力除了产生横倾阻尼力矩外，还导致其他坐标轴方向上的力和力矩 $Y(p)$、$Z(p)$ 及 $N(p)$ 、$M(p)$，并且 $Y(p)$ 和 $N(p)$ 是 p 的奇函数，$Z(p)$ 和 $M(p)$ 是 p 的偶函数。其中 $Z(p)$ 和 $M(p)$ 要比 $Y(p)$ 和 $N(p)$ 小得多，通常忽略，并可表示成

$$\begin{cases} Y(p) = Y_p p + Y_{p|p|}p|p| \\ N(p) = N_p p + N_{p|p|}p|p| \\ Z(P) = Z_{pp}p^2 \\ M(P) = M_{pp}p^2 \end{cases} \tag{2.67}$$

当 ROV 以 α、β 斜侧直航，水动力中将出现 v-w 交叉耦合影响，攻角的存在将使 $Y(v)$ 产生附加水动力，这部分是 v-w 耦合力：

$$\begin{aligned} Y(v,w) &= Y(v) + \Delta Y(v,w) \\ &= Y_v v + Y_{v|v|}v|v| + Y_{vw}vw + Y_{v|v|w}v|v|w \end{aligned} \tag{2.68}$$

式中，Y_{vw} —— w 对于 $Y(v)$ 线性部分的影响；

$\boldsymbol{Y}_{v|v|w}$ —— $\boldsymbol{w}$ 对于 $\boldsymbol{Y}(\boldsymbol{v})$ 非线性部分的影响。

通常将式(2.68)简化为

$$\boldsymbol{Y}(\boldsymbol{v},\boldsymbol{w})=\boldsymbol{Y}_{v}\boldsymbol{v}+\boldsymbol{Y}_{vw}\boldsymbol{v}\boldsymbol{w}+\boldsymbol{Y}_{v|v|}\boldsymbol{v}\left|(\boldsymbol{v}^{2}+\boldsymbol{w}^{2})^{\frac{1}{2}}\right| \tag{2.69}$$

同理，$\boldsymbol{w}$ 对 $\boldsymbol{Y}(\boldsymbol{v},\boldsymbol{r})$、$\boldsymbol{K}(\boldsymbol{v},\boldsymbol{r})$、$\boldsymbol{N}(\boldsymbol{v},\boldsymbol{r})$ 以及 $\boldsymbol{v}$ 对 $\boldsymbol{Z}(\boldsymbol{w},\boldsymbol{q})$、$\boldsymbol{M}(\boldsymbol{w},\boldsymbol{q})$ 的非线性耦合系数都可以用相同的方法来合并化简。

上面介绍了侧向速度 $\boldsymbol{v}$、$\boldsymbol{w}$ 和角速度 $\boldsymbol{p}$、$\boldsymbol{q}$、$\boldsymbol{r}$ 或两种角速度 $\boldsymbol{pq}$、$\boldsymbol{pr}$、$\boldsymbol{qr}$ 的耦合运动引起的通常不可忽略的水动力耦合系数，其余系数一般由于 ROV 的对称性或其值很小而略去，具体见表 2.2。

表 2.2　水动力耦合系数

	X	Y	Z	K	M	N
vp	—	—	Z_{vp}	—	M_{vp}	—
vq	—	Y_{vq}	—	K_{vq}	—	N_{vq}
vr	X_{vr}	—	—	—	—	—
wp	—	Y_{wp}	—	K_{wp}	—	N_{wp}
wq	X_{wq}	—	—	—	—	—
wr	—	—	—	K_{wr}	—	—
pq	—	Y_{pq}	—	K_{pq}	—	N_{pq}
pr	X_{pr}	—	Z_{pr}	—	M_{pr}	—
qr	—	—	—	K_{qr}	—	—

综上可知，ROV 在运动时受到复杂的线性和非线性黏性水动力。由于黏性水动力对运动的作用类似于阻尼作用，故有时也称为水动力阻尼。

对于运动于理想流体中的刚体，水动力阻尼矩阵 $\boldsymbol{D}(\boldsymbol{v})$ 为正实、非对称且正定的矩阵，并且 $\boldsymbol{D}(\boldsymbol{v})$ 为非减函数，即

$$\boldsymbol{D}(\boldsymbol{v})>0 \tag{2.70}$$

由于物体受到的水动力阻尼的能量总是耗散的，从而有 $\boldsymbol{v}^{\mathrm{T}}\boldsymbol{D}(\boldsymbol{v})\boldsymbol{v}>0$。

由 6 自由度运动所引起的非线性水动力阻尼矩阵为

$$
\boldsymbol{D}(\boldsymbol{v})=\begin{bmatrix}
X_{uu}u & X_{vv}v & X_{ww}w & X_{rp}r & X_{wq}w+X_{qq}q & X_{vr}v+X_{rr}r \\
Y_0u & Y_{uv}u+Y_{v|v|}\left|(v^2+w^2)^{\frac{1}{2}}\right|+Y_{v|r|}\left|(v^2+w^2)^{\frac{1}{2}}\right|\frac{|r|}{|v|} & Y_{vw}v & Y_{up}u+Y_{wp}w & Y_{vq}v+Y_{pq}p & Y_{ur}u+Y_{wr}w+Y_{qr}q+Y_{r|r|}|r| \\
Z_0u+Z_{u|w|}|w| & Z_{vv}v & Z_{uw}u+Z_{w|w|}\left|(v^2+w^2)^{\frac{1}{2}}\right|+Z_{w|q|}\left|(v^2+w^2)^{\frac{1}{2}}\right|\frac{|q|}{|w|}+Z_{ww}\left|w(v^2+w^2)^{\frac{1}{2}}\right|\frac{1}{w} & Z_{vp}v+Z_{pp}p+Z_{rp}r & Z_{uq}u+Z_{q|q|}|q| & Z_{rr}r \\
K_0u & K_{uv}u+K_{v|v|}\left|(v^2+w^2)^{\frac{1}{2}}\right| & K_{vw}v & K_{up}u+K_{wp}w & K_{vq}v+K_{pq}p & K_{ur}u+K_{qr}q+K_{r|r|}|r| \\
M_0u+M_{|w|u}|w| & M_{vv}v & M_{uw}u+M_{w|w|}\left|(v^2+w^2)^{\frac{1}{2}}\right|+M_{w|q|}\left|(v^2+w^2)^{\frac{1}{2}}\right|\frac{|q|}{|w|}+M_{ww}\left|w(v^2+w^2)^{\frac{1}{2}}\right|\frac{1}{w} & M_{up}u+M_{pp}p+M_{rp}r & M_{uq}u+M_{q|q|}|q| & M_{vr}v+M_{rr}r \\
N_0u & N_{uv}u+N_{v|v|}\left|(v^2+w^2)^{\frac{1}{2}}\right|+N_{v|r|}\left|(v^2+w^2)^{\frac{1}{2}}\right|\frac{|r|}{|v|} & N_{vw}v & N_{up}u+N_{wp}w+N_{p|p|}|p| & N_{vq}v+N_{pq}p & N_{ur}u+N_{wr}w+N_{qr}q+N_{r|r|}|r|
\end{bmatrix}
\tag{2.71}
$$

3. 静力模型

作用在 ROV 上的静力包括重力、浮力及它们的力矩。

重力可以分成两部分：水下全排水量 $\boldsymbol{P}_0$ 和载荷的改变量 $\Delta\boldsymbol{P}$ 。前者作用于重心 $G(x_G,y_G,z_G)$ ，后者作用于外载荷改变后的重心 $G_i(x_{Gi},y_{Gi},z_{Gi})$ 。

浮力也可以分成两部分：水下全排水容积浮力 $\boldsymbol{B}_0$ 和浮力的改变量 $\Delta\boldsymbol{B}$ 。前者作用于浮心 $C(x_C，y_C，z_C)$ ，后者作用于改变后的浮心 $C_j(x_{Cj}，y_{Cj}，z_{Cj})$ 。

总的重力和浮力为

$$\begin{cases} \boldsymbol{P} = \boldsymbol{P}_0 + \Delta\boldsymbol{P} = \boldsymbol{P}_0 + \sum \boldsymbol{P}_i, & i = 1, 2, \cdots, n \\ \boldsymbol{B} = \boldsymbol{B}_0 + \Delta\boldsymbol{B} = \boldsymbol{B}_0 + \sum \boldsymbol{B}_i, & i = 1, 2, \cdots, n \end{cases} \tag{2.72}$$

ROV 在水下航行时，习惯上把实际浮力与实际重力之差称为剩余浮力(或浮力差)：

$$\nabla\boldsymbol{B} = \boldsymbol{B} - \boldsymbol{P} \tag{2.73}$$

这种情况的产生是因为 $\boldsymbol{B}$、$\boldsymbol{P}$ 都是变量。引起浮力差的内因可能是 ROV 可变载荷以及可弃固体载荷的变化；其外因则是由于海水密度、温度的变化和潜水深度改变引起的 ROV 体积的改变。

当 $\nabla\boldsymbol{B} < 0$ 时，ROV 重，将下沉。

当 $\nabla\boldsymbol{B} > 0$ 时，ROV 轻，将上浮。

当 $\nabla\boldsymbol{B} = 0$ 时，中性浮力，悬浮状态。

但是，对于运动的 ROV，在一定条件下不一定就是上述结论，需根据实际情况确定。

由于剩余浮力不一定刚好作用在 ROV 的重心处，因此一般还有剩余浮力力矩 $\nabla\boldsymbol{M}_B$ (或称力矩差)。若 $\nabla\boldsymbol{B}$ 的位置坐标为 x_B (忽略垂向位置的区别，取 $z_B = 0$)，则 $\nabla\boldsymbol{M}_B$ 可近似取为

$$\nabla\boldsymbol{M}_B = \nabla\boldsymbol{B} \times x_B \tag{2.74}$$

此外，由静力学可知，ROV 的重力和浮力不一定作用在同一铅垂面上构成扶正力矩，且 ROV 的纵向扶正力矩与横向扶正力矩基本相等，并有

$$\boldsymbol{M}_H(\boldsymbol{\vartheta}) = -mgh\sin\boldsymbol{\vartheta} \tag{2.75}$$

式中，h——对应于水下全排水量的初稳心高；

m——对应于水下全排水量的 ROV 质量；

$\boldsymbol{\vartheta}$——纵倾角。

负号“–”是由于 $\boldsymbol{M}_H(\boldsymbol{\vartheta})$ 与 $\boldsymbol{\vartheta}$ 反向，为了保证符号一致而采用的。

当纵倾角不大时，取 $\sin\boldsymbol{\vartheta} \approx \boldsymbol{\vartheta}$，并写成力矩系数形式：

$$\boldsymbol{M}_H(\boldsymbol{\vartheta}) \approx \boldsymbol{M}_{\vartheta}\boldsymbol{\vartheta} \tag{2.76}$$

式中，$\boldsymbol{M}_{\vartheta} = -mgh$ 。

为了便于控制，一般通过配重等措施使重心、浮心在同一铅垂面上，就可得到 $x_G = x_C = 0, y_G = y_C = 0, z_G - z_C = h$ 。由于重力和浮力的方向总是铅垂的，所以在定系中的分量为 $\{0, 0, \boldsymbol{P} - \boldsymbol{B}\}$ 。将其转移到动系上去，按式(2.32)有

$$\begin{bmatrix} X \\ Y \\ Z \end{bmatrix} = T^{-1} \begin{bmatrix} 0 \\ 0 \\ P-B \end{bmatrix} \tag{2.77}$$

得

$$\begin{cases} X = -(P-B)\sin\vartheta \\ Y = (P-B)\cos\vartheta\sin\varphi \\ Z = (P-B)\cos\vartheta\cos\varphi \end{cases} \tag{2.78}$$

静力对于动系原点的力矩为

$$M = R_{Gi} \times \Delta P_i + R_{Cj} \times \Delta B_j \tag{2.79}$$

式中，R_{Gi}、R_{Cj}——重力和浮力作用点对于动系原点的矢径。上式展开后可得

$$M = \Delta P_i \begin{vmatrix} i & j & k \\ x_{Gi} & y_{Gi} & z_{Gi} \\ -\sin\vartheta & \cos\vartheta\sin\varphi & \cos\vartheta\cos\varphi \end{vmatrix} - \Delta B_j \begin{vmatrix} i & j & k \\ x_{Ci} & y_{Ci} & z_{Ci} \\ -\sin\vartheta & \cos\vartheta\sin\varphi & \cos\vartheta\cos\varphi \end{vmatrix} \tag{2.80}$$

或用分量表示，则有

$$\begin{cases} K = (y_G\Delta P - y_C\Delta B)\cos\vartheta\cos\varphi - (hP_0 + z_G\Delta P - z_C\Delta B)\cos\vartheta\sin\varphi \\ M = -\left(hP_0 + z_G\Delta P - z_C\Delta B\right)\sin\vartheta - (x_G\Delta P - x_C\Delta B)\cos\vartheta\cos\varphi \\ N = (x_G\Delta P - x_C\Delta B)\cos\vartheta\cos\varphi + (y_G\Delta P - y_C\Delta B)\sin\vartheta \end{cases} \tag{2.81}$$

综上所述，把重力和浮力产生的力和力矩写成矩阵形式：

$$g(\eta) = \begin{cases} X = -(P-B)\sin\vartheta \\ Y = (P-B)\cos\vartheta\sin\varphi \\ Z = (P-B)\cos\vartheta\cos\varphi \\ K = (y_G\Delta P - y_C\Delta B)\cos\vartheta\cos\varphi - (hP_0 + z_G\Delta P - z_C\Delta B)\cos\vartheta\sin\varphi \\ M = -\left(hP_0 + z_G\Delta P - z_C\Delta B\right)\sin\vartheta - (x_G\Delta P - x_C\Delta B)\cos\vartheta\cos\varphi \\ N = (x_G\Delta P - x_C\Delta B)\cos\vartheta\cos\varphi + (y_G\Delta P - y_C\Delta B)\sin\vartheta \end{cases} \tag{2.82}$$

4. 推进器推力

由螺旋桨理论可知，ROV 的螺旋桨推力 F_T 为

$$F_T = (1-t)\rho n^2 D^4 K_T \tag{2.83}$$

式中，D——螺旋桨的直径；

$\boldsymbol{n}$——螺旋桨的转速；

t——推力减额系数；

K_{T}——无因次推力系数，是进速比 J（$J=\dfrac{u(1-w)}{\boldsymbol{n}D}$，其中 u 是螺旋桨前进速度，w 是螺旋桨伴流系数）的函数，可近似写成

$$K_{\mathrm{T}}=f(J)=k_0+k_1J+k_2J^2 \tag{2.84}$$

其中，常系数 k_0、k_1、k_2 可用 ROV 螺旋桨的无因次性能曲线按上式拟合来确定。

把式(2.84)代入式(2.83)可得

$$\boldsymbol{F}_{\mathrm{T}}=Au^2+Bu\boldsymbol{n}+C\boldsymbol{n}^2 \tag{2.85}$$

式中，$A=(1-t)(1-w)^2\rho D^2k_2$；

$B=(1-t)(1-w)\rho D^3k_1$；

$C=(1-t)\rho D^4k_0$。

按照所需控制的自由度维数和安装的推进器个数之间的关系，ROV 通常可以被分为三种类型，即过驱动型、全驱动型和欠驱动型。当 ROV 需要较高的操纵性能时，通常采用全驱动或过驱动的方式。一种全驱动型的典型例子是在 ROV 的纵向、横向和垂向均分别安装两个推进器，用以实现不同方向的运动控制指令；对于过驱动型则需要采用适当的推力分配策略以获得最优的性能指标；而欠驱动型是指控制系统的独立控制变量个数小于系统的自由度个数的一类控制系统。

在 ROV 的运动控制体系中，运动控制器根据作业指令以及当前状态解算出各个自由度上所需要的力(力矩)，然后通过推力控制分配算法将每个自由度的力和力矩分配给相应的推进器，从而实现对 ROV 的运动控制。因此，确定推进器的推力控制输出是开展 ROV 运动控制的基础。不同 ROV 的推进器矢量布置位置不同，其产生的合推力(力矩)各不相同，可用下式表示：

$$\boldsymbol{\tau}_c=\begin{bmatrix}\boldsymbol{T}_c\\ \boldsymbol{M}_c\end{bmatrix}=\boldsymbol{H}\begin{bmatrix}\boldsymbol{F}_{\mathrm{T1}}\\ \boldsymbol{F}_{\mathrm{T2}}\\ \vdots\\ \boldsymbol{F}_{\mathrm{T}i}\\ \vdots\\ \boldsymbol{F}_{\mathrm{T}n}\end{bmatrix} \tag{2.86}$$

式中，$\boldsymbol{H}$——与推进器安装位置相关的位置系数矩阵；

$\boldsymbol{F}_{\mathrm{T}i}$——第 i 个推进器产生的推力。

5. 脐带缆拖曳力

脐带缆的局部坐标系和定系之间的关系为

$$[\boldsymbol{i} \quad \boldsymbol{j} \quad \boldsymbol{k}]=[\boldsymbol{x} \quad \boldsymbol{y} \quad \boldsymbol{z}]\times \boldsymbol{Q}^{\mathrm{T}}(\psi,\vartheta,\varphi)\times \boldsymbol{W}(\alpha,\beta) \tag{2.87}$$

式中，$\boldsymbol{W}(\alpha,\beta)=\begin{bmatrix}\cos\alpha\cos\beta & -\cos\alpha\sin\beta & \sin\alpha \\ -\sin\alpha\cos\beta & \sin\alpha\sin\beta & \cos\alpha \\ -\sin\beta & -\cos\beta & 0\end{bmatrix}$。

缆在拖拽点的张紧力是$\boldsymbol{T}(0,t)$，它产生的额外力和力矩给 ROV 的运动带来一定影响，可表示为

$$\boldsymbol{F}_c(t)=\begin{bmatrix}\boldsymbol{F}_{ci}\\ \boldsymbol{F}_{cj}\\ \boldsymbol{F}_{ck}\end{bmatrix}=\boldsymbol{Q}^{\mathrm{T}}(\psi,\vartheta,\varphi)\times \boldsymbol{W}(\alpha(0,t),\beta(0,t))\begin{bmatrix}\boldsymbol{T}(0,t)\\ 0\\ 0\end{bmatrix} \tag{2.88}$$

式中，$\boldsymbol{F}_{ci}=\boldsymbol{T}(0,t)(\cos\psi\cos\vartheta\cos\alpha\cos\beta-\sin\psi\cos\vartheta\cos\beta+\sin\vartheta\sin\beta)$；

$$\begin{aligned}\boldsymbol{F}_{cj}=\boldsymbol{T}(0,t)(&-\cos\vartheta\sin\varphi\sin\beta+\sin\varphi\cos\psi\sin\vartheta\sin\alpha\cos\beta\\ &-\sin\varphi\sin\psi\sin\vartheta\sin\alpha\cos\beta-\cos\varphi\cos\psi\sin\alpha\cos\beta\\ &-\cos\varphi\sin\psi\cos\alpha\cos\beta);\end{aligned}$$

$$\begin{aligned}\boldsymbol{F}_{ck}=\boldsymbol{T}(0,t)(&-\cos\vartheta\cos\varphi\cos\beta+\sin\varphi\sin\psi\cos\alpha\cos\beta\\ &+\sin\varphi\cos\psi\sin\vartheta\sin\alpha\cos\beta+\sin\varphi\sin\vartheta\cos\psi\cos\alpha\cos\beta\\ &-\cos\varphi\sin\psi\sin\vartheta\sin\alpha\cos\beta)。\end{aligned}$$

拖拽点受到的缆绳的力矩为

$$\boldsymbol{M}_c(t)=\begin{bmatrix}\boldsymbol{M}_{ci}\\ \boldsymbol{M}_{cj}\\ \boldsymbol{M}_{ck}\end{bmatrix}=\boldsymbol{r}_c\times \boldsymbol{F}_c(t)=\begin{bmatrix}\boldsymbol{j}_c\boldsymbol{F}_c\boldsymbol{k}-\boldsymbol{k}_c\boldsymbol{F}_c\boldsymbol{j}\\ \boldsymbol{k}_c\boldsymbol{F}_c\boldsymbol{i}-\boldsymbol{k}_c\boldsymbol{F}_c\boldsymbol{k}\\ \boldsymbol{i}_c\boldsymbol{F}_c\boldsymbol{j}-\boldsymbol{k}_c\boldsymbol{F}_c\boldsymbol{i}\end{bmatrix} \tag{2.89}$$

缆绳的张紧力获取仍是难点，有待进一步研究。

6. 环境干扰力

环境干扰力主要是由风、浪、流等引起的外力，这些力本质上也是一种流体动力，它们的存在会严重干扰 ROV 的运动。通常，ROV 在较深的海洋环境中作业时，一般只受海流的干扰影响，而对于风、浪的干扰可以不予考虑。

一般情况下，海流的流速和流向随着深度的变化而变化，但是由于 ROV 的航行水域相对狭小，其航行时间也相对有限，因此，为了简化起见，局部海区的实际海流可假定是大小和方向都不变的水平恒定流。

设来流平行于大地坐标系 E-$\xi\eta\zeta$ 的水平面，海流的流速和流向在某一时间段

内为定值$\boldsymbol{U}_c=[\boldsymbol{u}_c \quad \boldsymbol{v}_c \quad \boldsymbol{w}_c]^{\mathrm{T}}$，海流的水平流向角为$\boldsymbol{\psi}_c$，垂直流向角为$\boldsymbol{\theta}_c$，则海流速度在定系中的分量为

$$\begin{cases}\boldsymbol{u}_{cE}=\boldsymbol{U}_c\cos\boldsymbol{\psi}_c\cos\boldsymbol{\theta}_c\\ \boldsymbol{v}_{cE}=\boldsymbol{U}_c\sin\boldsymbol{\psi}_c\cos\boldsymbol{\theta}_c\\ \boldsymbol{w}_{cE}=\boldsymbol{U}_c\sin\boldsymbol{\theta}_c\end{cases} \tag{2.90}$$

在动系中的分量为

$$\begin{cases}\boldsymbol{u}_{cO}=\boldsymbol{U}_c\cos(\boldsymbol{\psi}_c-\boldsymbol{\psi})\cos\boldsymbol{\theta}_c\cos\boldsymbol{\vartheta}+\boldsymbol{U}_c\sin\boldsymbol{\theta}_c\sin\boldsymbol{\vartheta}\\ \boldsymbol{v}_{cO}=\boldsymbol{U}_c\cos(\boldsymbol{\psi}_c-\boldsymbol{\psi})\cos\boldsymbol{\theta}_c\cos\boldsymbol{\vartheta}\sin\boldsymbol{\varphi}+\boldsymbol{U}_c\sin(\boldsymbol{\psi}_c-\boldsymbol{\psi})\cos\boldsymbol{\theta}_c\cos\boldsymbol{\varphi}\\ \qquad -\boldsymbol{U}_c\sin\boldsymbol{\theta}_c\cos\boldsymbol{\vartheta}\sin\boldsymbol{\varphi}\\ \boldsymbol{w}_{cO}=\boldsymbol{U}_c\cos(\boldsymbol{\psi}_c-\boldsymbol{\psi})\cos\boldsymbol{\theta}_c\sin\boldsymbol{\vartheta}\cos\boldsymbol{\varphi}+\boldsymbol{U}_c\sin(\boldsymbol{\psi}_c-\boldsymbol{\psi})\cos\boldsymbol{\theta}_c\sin\boldsymbol{\varphi}\\ \qquad -\boldsymbol{U}_c\sin\boldsymbol{\theta}_c\cos\boldsymbol{\vartheta}\cos\boldsymbol{\varphi}\end{cases} \tag{2.91}$$

对于一般的 ROV，其运动的横倾角较小，在研究海流作用时，可以近似忽略由横倾角引起的海流相对速度和加速度分量。

这样，式(2.91)可简化为

$$\begin{cases}\boldsymbol{u}_{cO}=\boldsymbol{U}_c\cos(\boldsymbol{\psi}_c-\boldsymbol{\psi})\cos\boldsymbol{\theta}_c\cos\boldsymbol{\vartheta}+\boldsymbol{U}_c\sin\boldsymbol{\theta}_c\sin\boldsymbol{\vartheta}\\ \boldsymbol{v}_{cO}=\boldsymbol{U}_c\sin(\boldsymbol{\psi}_c-\boldsymbol{\psi})\cos\boldsymbol{\theta}_c\\ \boldsymbol{w}_{cO}=\boldsymbol{U}_c\cos(\boldsymbol{\psi}_c-\boldsymbol{\psi})\cos\boldsymbol{\theta}_c\sin\boldsymbol{\vartheta}-\boldsymbol{U}_c\sin\boldsymbol{\theta}_c\cos\boldsymbol{\vartheta}\end{cases} \tag{2.92}$$

得相对流速$\boldsymbol{U}_r=[\boldsymbol{u}_r \quad \boldsymbol{v}_r \quad \boldsymbol{w}_r]^{\mathrm{T}}$为

$$\begin{cases}\boldsymbol{u}_r=\boldsymbol{u}-\boldsymbol{u}_{cO}=\boldsymbol{u}-\boldsymbol{U}_c\cos(\boldsymbol{\psi}_c-\boldsymbol{\psi})\cos\boldsymbol{\theta}_c\cos\boldsymbol{\vartheta}-\boldsymbol{U}_c\sin\boldsymbol{\theta}_c\sin\boldsymbol{\vartheta}\\ \boldsymbol{v}_r=\boldsymbol{v}-\boldsymbol{v}_{cO}=\boldsymbol{v}-\boldsymbol{U}_c\sin(\boldsymbol{\psi}_c-\boldsymbol{\psi})\cos\boldsymbol{\theta}_c\\ \boldsymbol{w}_r=\boldsymbol{w}-\boldsymbol{w}_{cO}=\boldsymbol{w}-\boldsymbol{U}_c\cos(\boldsymbol{\psi}_c-\boldsymbol{\psi})\cos\boldsymbol{\theta}_c\sin\boldsymbol{\vartheta}+\boldsymbol{U}_c\sin\boldsymbol{\theta}_c\cos\boldsymbol{\vartheta}\end{cases} \tag{2.93}$$

对时间微分后得到相对加速度：

$$\begin{cases}\dot{\boldsymbol{u}}_r=\dot{\boldsymbol{u}}-\boldsymbol{U}_c\sin(\boldsymbol{\psi}_c-\boldsymbol{\psi})\cos\boldsymbol{\theta}_c\cdot\boldsymbol{r}+\boldsymbol{U}_c\cos(\boldsymbol{\psi}_c-\boldsymbol{\psi})\cos\boldsymbol{\theta}_c\sin\boldsymbol{\vartheta}\cdot\boldsymbol{q}\\ \qquad -\sin\boldsymbol{\theta}_c\cos\boldsymbol{\vartheta}\cdot\boldsymbol{q}\\ \dot{\boldsymbol{v}}_r=\dot{\boldsymbol{v}}-\boldsymbol{U}_c\boldsymbol{r}\cos(\boldsymbol{\psi}_c-\boldsymbol{\psi})\cos\boldsymbol{\theta}_c\cdot\boldsymbol{r}/\cos\boldsymbol{\vartheta}\\ \dot{\boldsymbol{w}}_r=\dot{\boldsymbol{w}}-\boldsymbol{U}_c\sin(\boldsymbol{\psi}_c-\boldsymbol{\psi})\cos\boldsymbol{\theta}_c\tan\boldsymbol{\vartheta}\cdot\boldsymbol{r}-\boldsymbol{U}_c\cos(\boldsymbol{\psi}_c-\boldsymbol{\psi})\cos\boldsymbol{\theta}_c\cos\boldsymbol{\vartheta}\cdot\boldsymbol{q}\\ \qquad -\boldsymbol{U}_c\sin\boldsymbol{\theta}_c\sin\boldsymbol{\vartheta}\cdot\boldsymbol{q}\end{cases} \tag{2.94}$$

式中，$\boldsymbol{q}$——纵倾角$\boldsymbol{\vartheta}$微分后的角速度；

$\boldsymbol{r}$——艏向角$\boldsymbol{\psi}$微分后的角速度。

2.4 本章小结

本章给出了遥控水下机器人的运动学模型和动力学模型，建模方法主要参考蒋新松院士的《水下机器人》[15]，原书有更加详细的推导过程。本章首先阐述了遥控水下机器人建模的意义以及动力学模型参数辨识的几种方法，并通过几个实例说明了几种方法的优缺点。在运动学建模方面，按照国际流行规则定义了坐标系和描述参数，给出了遥控水下机器人空间运动的一般方程。在动力学建模方面，考虑了质量及惯性、水动力、静力、推进力、脐带缆和环境干扰力等因素的影响，分别给出了各种因素的动力学模型分项，其中水动力是遥控水下机器人动力学建模的难点。

参考文献

[1] Kim K, Kim J, Choi H S, et al. Estimation of hydrodynamic coefficients of a test-bed AUV-SNUUVI by motion test[C]//OCEANS '02 MTS/IEEE, 2002.

[2] Tyagi A, Sen D. Calculation of transverse hydrodynamic coefficients using computational fluid dynamic approach[J]. Ocean Engineering, 2006, 33(5/6): 798-809.

[3] 庞永杰, 杨路春, 李宏伟, 等. 潜体水动力导数的 CFD 计算方法研究[J]. 哈尔滨工程大学学报, 2009(8): 53-58.

[4] 李迎华, 吴宝山, 张华. CFD 动态网格技术在水下航行体非定常操纵运动预报中的应用研究[J]. 船舶力学, 2010, 14(10): 1100-1108.

[5] 胡志强, 林扬, 谷海涛. 水下机器人粘性类水动力数值计算方法研究[J]. 机器人, 2007(2): 145-150.

[6] Maruyama N. Hydrodynamic parameter estimation of an open frame unmanned underwater vehicle[J]. IFAC Proceedings Volumes, 2008, 41(2): 10504-10509.

[7] 马岭, 崔维成. 载人潜水器水平面动力学模型系统辨识[J]. 中国造船, 2006, 47(2): 76-81.

[8] Ross A, Fossen T I, Johansen T A. Identification of underwater vehicle hydrodynamic coefficients using free decay tests[J]. IFAC Proceedings Volumes, 2004, 37(10): 363-368.

[9] Sadeghzadeh B, Mehdigholi H. Identification of underwater vehicle hydrodynamic coefficients using model tests[C]//ASME 2010 International Mechanical Engineering Congress and Exposition, 2010.

[10] Caccia M, Indiveri G, Veruggio G. Modeling and identification of open-frame variable configuration unmanned underwater vehicles[J]. IEEE Journal of Oceanic Engineering, 2000, 25(2): 227-240.

[11] 范士波. 深海作业型 ROV 水动力试验及运动控制技术研究[D]. 上海: 上海交通大学, 2013.

[12] Cheng S C, Wei P L. Robust genetic algorithm and fuzzy inference mechanism embedded in sliding-mode controller for uncertain underwater robot[J]. IEEE/ASME Transactions on Mechatronics, 2018, 23(2): 655-666.

[13] Chen H H, Chang H H, Chou C H, et al. Identification of hydrodynamic parameters for a remotely operated vehicle using projective mapping method[C]//2007 Symposium on Underwater Technology and Workshop on Scientific Use of Submarine Cables and Related Technologies, 2007: 427-436.

[14] 施生达. 潜艇操纵性[M]. 北京: 国防工业出版社, 1995.

[15] 蒋新松, 封锡盛, 王棣棠. 水下机器人[M]. 沈阳: 辽宁科学技术出版社, 2000.

3 遥控水下机器人作业需求

当前陆地资源日益短缺，世界各国正在寻求各种方法开发新的资源领域。海洋蕴藏着丰富的资源，但是，海洋与陆地不同，其自然条件相当苛刻，如海水腐蚀性强、海底水温低和能见度低，加上海浪、潮汐、潮流、暗流等因素影响，为水下作业带来很多困难。

尽管如此，海洋作为极具开发潜力的空间，人类社会对其勘探、开发和利用，从思想重视程度、资金投入使用以及海洋科技创新等各方面都达到了前所未有的高度。目前，海洋开发与利用活动日益频繁，特别是海底矿物和石油勘探与开采的规模不断扩大，产生了深度大、范围广、距离长、效率高的水下作业需求[1]，在众多深海作业装备中，ROV 以较强的作业能力成为海洋工程建设与发展的一个重要因素。

目前 ROV 的应用已趋于商业化，尤其在水下石油与天然气行业。浅海产业化 ROV 的应用及相关作业工具都具有相应的作业标准(ISO 13628-8：2002)，技术十分成熟[2]。在深海科考与水下打捞、救生等领域，ROV 的潜在价值也越来越突出。本章主要围绕 ROV 在石油平台、水下打捞、深海科考以及其他相关方面的需求进行介绍。

3.1 石油平台建设与维护

海洋石油平台是人类开发海洋石油资源的重要工具，对海洋石油开发业的发展起到了不可替代的作用，主要分为移动式平台和固定式平台两大类，其中按照结构又可分为各种不同形式。因此，对石油平台的建设与维护需求也在日益增加。伴随着 ROV 技术的发展，海洋石油平台在搭建与维修作业等方面都愈发依赖 ROV，尤其是大深度、具备强大作业能力的 ROV，不仅降低了石油平台操作的危险性，也提高了作业的经济优越性，其主要应用在石油平台的现场勘探、石油平台水下辅助安装与石油平台的水下检测维修三个阶段。

3.1.1 现场勘测

海洋石油平台在钻探与安装之前，水下勘测必不可少。早期水下勘测主要通过在科考船上安装声学设备来绘制水下地形地貌，成本高昂，现在可以通过 ROV 来实现这一勘测过程，同时 ROV 还可以在水下勘测过程中布放与回收相应的探测设备，如不同的压力传感器与声学信息发射器等(表 3.1)。ROV 通过装备多波束声学探测仪与声呐等扫描工具完成场景重建的扫描环节。扫描费用与时间是整个勘测过程中最重要的两个因素，工作人员可以采用多个传感器同时扫描以在最短的时间内获得最精准的信息。目前 ROV 在自动探测过程中已显示出了潜在的巨大优势。

表 3.1　典型水下辅助勘探设备

名称	用途
多波束声学探测仪	水下地形扫描
声呐	水下目标扫描与定位
压力传感器	测量海床深度

3.1.2 底质确认

确定了潜在的石油、天然气采集点后，下一步的核心工作就是对这些点进行确认。海洋石油平台普遍工作于几个预定的开采点，如对开采区域的岩石与内部液体压力信息掌握不充足，钻取工作经常造成钻头崩裂。为了实现健康-安全-环保(health-safety-environment，HSE)的水下钻探，通过 ROV 对计划采集区域下方岩石样品与存储液体内碳水化合物含量等成分的采集取样是必不可少的。早期的钻探过程中，ROV 仅作为一个备用装备，在采样工具脱落或缆绳缠绕等紧急情况下才会得以应用。如今 ROV 已频繁工作于深海的各个操作流程，通过携带泥土采样器，ROV 可以对预定的开采地点进行泥土采样，进而分析水下土层的硬度与所含碳水化合物浓度，同时，通过对采集泥土的分析，也可以进一步确定预开采区域的准确性。

3.1.3 辅助安装

在海洋石油平台的水下安装过程中，ROV 同样具有不可替代的作用，尤其大深度、高强度的水下作业环节。如海洋石油平台锚泊系统中，ROV 辅助吸力锚的布放作业流程如下。

(1) 布放母船通过缆线将吸力锚吊放入水。一台 ROV 坐落于吸力锚，通过检测自身的水平-垂直度来初步检测吸力锚着陆时的垂直度；另一台 ROV 通过自身推进器辅助基座的位姿调整。

(2) 初步调整吸力锚后，ROV 通过机械手取下 T 型把手，释放吸力锚上吊放缆线。

(3) ROV 通过机械手开启吸力锚内舱流体通道，确保吸力锚在插入水下泥层过程中内部海水稳压溢出。

(4) 吸力锚插入水下泥层后，ROV 通过机械手调整基座上压载分布，保证吸力锚最终的整体垂直精度。

3.1.4 检测、维护与维修

海上石油与天然气平台工作在恶劣的海洋环境中，设备的检测频率要远远高于陆地设备，同时海洋设备安全操作的警惕性也必不可少。海洋石油平台拥有各式各样的用于钻探、收集与生产的石油设备，如作业船舶与半潜式钻井平台，平台的配套设备大部分是移动的。而平台的配套生产设备大部分固定在结构框架、拉线塔或下方固定的石油平台，其中结构框架中包含了大量脆弱的焊接点。通过潜水员对这些焊接点进行检测和维修既困难又昂贵，因此普遍采用 ROV 来检测设备的疲劳、破损与断裂。

海上工作往往是在流动的海水中进行，潜水员一般很难及时而又高效地完成水下检测工作。20 世纪 70 年代 ROV 便被用于辅助潜水员进行水下检测与维护作业任务，起初 ROV 只是负责协助潜水员携带一些检测的传感器与样品容器，随着主从伺服技术的发展与完善，ROV 最终完全取代潜水员。到 20 世纪 80 年代，ROV 可以通过携带各种传感器来完成水下样品采集、摄像、设备清洗与设备启动等任务。但由于操作机械手精度等相关问题，许多重要的检测工作还是无法完成。基于这种情况，人们开始在 ROV 上安装多自由度的机械手来增强其能力，如 Schilling 公司的 Titan、Atlas、Conan 与 Orian 机械手可以方便地安装在 ROV 上来完成不同的水下操作作业，这些机械手都是以主从伺服式的工作模式进行操作，即工作人员通过控制主手来完成水下从手的相关操作。

如今装有各种先进传感器与自由度冗余机械手的 ROV 开启了一个全新的水下检测维护与维修(inspection maintenance and repair，IMR)自动化作业时代。远离水面的远程操作模式不仅提高了 HSE 标准，同时也逐步体现其经济优越性。大部分检测设备的工作原则都是源于做了相应调整的陆地无损检测(non destructive testing，NDT)标准。ROV 的 IMR 工作如表 3.2 所示。

表 3.2 IMR 检测工作

缺陷检测	腐蚀检测	其他 IRM 工作	相关工程任务
磁性检测、电位差检测、电涡流测量、交流电磁场测量、水下结构件检测、X 射线检测、超声波检测、通用视觉检测、近距离视觉与图像检测	阴极保护电位测量、壁厚测量	清洁检测、磨损检测、安装检测、焊接、照相、摄像记录、阴极保护检测	槽探工作、起吊工作、牵引工作、螺栓安装、设备运输、泥沙装袋与沙袋支撑工作、连接-断开工作、相关结构性清洗工作、相关结构性测量工作

水下焊接构件由于长期处在极端的工作环境，通常会变得极为脆弱，会出现疲劳、腐蚀等各种问题。ROV 通过装备相关 NDT 传感器可进行持续性的结构检测任务。水下的检测工作主要分为三种，分别为近景视觉检测、通用视觉检测与 NDT。ROV 通过在机械手安装 NDT 传感器来检查焊接点，相对于技术成熟的陆地机械手，ROV 装配的机械手面临着各种基于非结构与不稳定工作环境的影响。水下的不确定性使得 NDT 的检测过程经常产生不精确的监测数据，从而导致不必要的操作与致命的误差。为了补偿 NDT 传感器自身的局限性，采用基于交叉 NDT 传感器的智能数据融合技术进行辅助决策。

水下结构性修复通常要进行焊接工作。相对于陆地上的焊接工作，水中的热循环因素使整个焊接过程变得更加困难，水下焊接通常要持续几天或一周的时间。焊接的机械与冶金特性主要依靠焊接技术与热循环，尤其当焊接点位于一些持续承力的交叉点时，持久而又精确的水下焊接对潜水员造成强大的工作压力。随着冗余机械手的发展，ROV 已经可以独立灵巧地完成水下焊接任务。ROV 机械手操作的准确性会受到潮汐运动的影响，可以通过高级控制算法来进行补偿。

深海海底的输送管道是近海石油平台的重要组成部分，同样需要 ROV 周期性的检测与维修。不仅水下结构，水上平台同样需要定期的检查与维护，如钻井船由老式石油存储箱改装而得，长期的海上漂浮导致了钻井船本体的电、化学与无氧腐蚀。同时平台大部分部位没入水中，同样采用 ROV 来检测平台外表面的水下部分。

对于石油与天然气公司，项目整体的经济效益是最重要的。ROV 短期工作十分昂贵，只有在长时间、高频率的水下工作中才会体现其经济的优越性。ROV 通常使用摄像机来获得水下结构物的视觉信息，并且将其用于 ROV 导航控制的反馈。整个视觉信息的采集与使用分为四个环节，分别为视觉信息的采集、预处理、二次处理与 ROV 的控制系统。由于视觉衰减与声音的散射，水下信息普遍质量较差。虽然很多图像处理技术可以提高图像的质量，但是由于操作人员对图像处理信息需求的实时性，很多技术还是无法满足。因此科学家提出通过数据融合技术与基于多照相机的图片采集方法，并结合以往的考察经验来识别海底结构物信息。虽然侧扫声呐技术与扇形扫描技术被用于远场地图绘制，但只有在近距离的结构物检测时才会提供良好的视觉信息。在一些辅助传感器所提供重要视觉信息的辅助下，很多关于图像技术与优化的研究被用来完成水下目标的控制、定位与导航。

图 3.1 是一款轻型的水下石油平台作业 ROV[3]，为瑞典 SAAB 公司的 Cougar-XT Compact ROV，其主要参数和面向石油平台作业的配套工具见表 3.3 和表 3.4。

图 3.1　Cougar-XT Compact ROV

表 3.3　Cougar-XT Compact ROV 参数

最大工作深度	重量	尺寸	最大前向航速	有效载荷
300m	270kg	1300mm×784mm×900mm	3.5kn	60kg

表 3.4　Cougar-XT Compact ROV 配套水下石油平台作业工具

工具名称	功能	图片
HLK-33800 剪切器	切割钢丝绳或钢筋	
Holmatro 剪切器	切割电缆等	

续表

工具名称	功能	图片
SM7 清洁刷	打磨清洁	
水枪	喷水清洁	
HLK-4200 机械手	配有快速拆卸接头，转换固定清洁刷和剪切器	
CP 探针	阴极电位检测	
Cygnus 测厚仪表	超声波测厚	

3.2 打捞作业

随着海洋运输业快速发展及各类海洋活动的快速增长，海上打捞救援任务愈发艰巨，面临的挑战更加复杂和严峻。海上打捞作业的目标主要有飞机黑匣子、潜艇与船舶、鱼雷与弹头等，由于受到水下深度和海况的影响，潜水员在水下作业难度大、效率低、成本高，并且很多海域潜水员无法到达。相比于潜水员，具备强大水下作业能力的 ROV 能够更高效、更安全地应用于水下援潜救生打捞、水下文物打捞等，提高水下打捞救援效率[4]。

3.2.1 水下援救打捞

当前，美国、英国、法国、澳大利亚等国家均有援潜救生体系和系统[5]，北约潜艇救援系统(NATO submarine rescue system，NSRS)[6]为一个多国联合的国际救援系统，这些援潜救生系统中均配备了 ROV 作业系统。

英国援潜救生体系技术装备包括 Scorpio 45 型 ROV(图 3.2，表 3.5)[7]，该 ROV 体型小巧灵便，配备七功能和五功能机械手各一套，同时配备最大切割直径 7.1cm 的切割工具。2005 年 8 月 4 日，俄罗斯普利兹 AS-28 小型潜艇在堪察加半岛海岸时被缆线缠绕下沉至 190m 海底，Scorpio 45 型 ROV 通过 14 分钟的作业成功完成了水下第一次缆线切割。通过 15 分钟的短暂维修，二次下潜成功剪断剩余缠绕缆线。潜艇内工作人员通过释放压载水舱内压载水成功实现潜艇上浮获救[8]。

图 3.2 Scorpio 45 型 ROV

表 3.5 Scorpio 45 型 ROV 主要参数

最大工作深度	空气中重量	尺寸	最大航速	最大负载
914m	1400kg	2750mm×1800mm×1800mm	4kn	100kg

美国援潜救生体系的技术装备配备的 ROV 型号为 Super Scorpio，配备五功能和七功能机械手各一套。法国援潜救生系统包含 1 套 1000m 的 ULISSE ROV，主要用于勘察测量、吊舱对接及与潜艇通风换气，ULISSE ROV 配备两套机械手、液压切割器及用于吊舱对接的大型夹爪。

由于援潜救生技术复杂，配套体系投资较大，维护保养费高，实际使用的频率非常低，多数国家没有能力或不愿单独装备援潜救生系统和单独维持援潜救生体系及时有效地运转。1987 年，多个北约成员国协作开始新一代援潜救生系统的研究论证，2004 年 6 月，以英国为首，英国、法国和挪威一起启动了 NSRS[6]的研制计划，该系统 2008 年投入使用。NSRS 救援系统的 ROV 为 PERRY 公司生产的 TRITON SP ROV。目前国外主要援潜救生 ROV 配置参见表 3.6[9-11]。

表 3.6　国外援潜救生 ROV 主要配置及指标

所属国家或组织	型号名称	潜深/m	外形尺寸	重量/kg	载体功率	工具配置
美国	Super Scorpio	1520	2.43m×1.22m×1.22m	2040	100hp	机械手两套，可剪切 2.5cm 钢缆
英国	Scorpio 45	914	2.75m×1.8m×1.8m	1400	—	机械手两套，切割工具
法国	ULISSE	1000	1.34m×1.09m×1.0m	525	—	机械手两套，切割工具，吊舱对接夹爪
俄罗斯	Panther Plus	1500	2.10m×1.20m×1.06m	700	20kW	机械手两套
北约	TRITON SP	3000	2.8m×1.575m×1.63m	2450	100hp	机械手两套，剪切工具

3.2.2　飞机黑匣子打捞

飞机黑匣子是分析飞机失事原因的关键。飞机于海上失事，黑匣子会沉入海底，海底地形复杂，随着深度的增加打捞难度亦会增加。如根据马来西亚政府提供的信息，马航 MH370 最后终结的水域深度为 4500～6000m[12]。因此 6000m 级 ROV 对深海打捞具有显著意义。

近年来我国深海技术领域加大了对飞机黑匣子搜索打捞的应对关注。飞机黑匣子打捞的一般步骤如下：①通过船载设备或自主水下机器人对可能的地点进行搜索；②对疑似区域及目标，通过布放 ROV 进行精细搜索和观察，进一步确认位置及海底状况；③根据残骸状况，采用不同的方案进行打捞。对于较小的飞机残骸或黑匣子，可采用 ROV 机械手抓取以直接取回或移入收集框；对于较大的飞机舱段残骸，由专门设计制作的打捞工具进行打捞，通过 ROV 进行工具的布放和操作。黑匣子打捞主要通过机械手和专用黑匣子抓取工具完成。

2011 年，法航 447 黑匣子打捞是一次典型的 ROV 水下成功打捞案例，由开展国际打捞比较活跃的 REMORA III ROV 完成[13]。2009 年 6 月，法航 447 航班飞机坠毁在大西洋海面。2011 年在通过 AUV 与侧扫声呐初步确认后，REMORA III ROV 对航班黑匣子进行水下打捞。2011 年 4 月 26 日，REMORA III ROV 第一次下潜期间发现了飞行数据记录仪的底盘，但并没有找到记忆存储单元。2011 年

5 月 1 日，记忆存储单元被发现并被成功打捞出海。2011 年 5 月 2 日，飞机驾驶舱语音记录仪也被成功打捞出水面，随后一台飞机发动机与航空电子设备舱也被成功打捞出水面[14]。表 3.7 为该 ROV 进行的相关飞机搜索和打捞案例。

表 3.7　REMORA III ROV 典型案例

年度	事件	作业深度/m
2012	搜探和辅助打捞土耳其 F-14 战斗机残骸	1301
2011	搜探和打捞法航 447	3900
2010	搜探和打捞美国 HJE-2C 鹰眼	3500
2009	搜探和打捞也门航空 IY626	1200
2007	搜探和打捞亚当航空 574	1400
2005	搜探和打捞 Tuninter 航空公司 1153	1450
2003	搜探和打捞美国 HJ 的 F-14 雄猫战斗机	3200
2003	搜探和打捞美国 HJSH 60 直升机	2900
2000	搜探和打捞以色列空军的 F-16	1400

3.2.3　鱼雷与导弹打捞

相对潜艇救援打捞与飞机黑匣子打捞，鱼雷与导弹等危险物的打捞也十分重要，不仅具有经济效益，同时也与附近环境安全息息相关。典型的打捞案例是 20 世纪 60 年代的水下氢弹打捞。

1966 年 1 月，一架美军 B-52 远程轰炸机在西班牙上空进行加油时与补给飞机发生碰撞导致一侧引擎着火，驾驶员迅速释放机上四枚氢弹，其中三枚降落在陆地上，一枚掉入 880m 深度海域[15]。美方派出 Alvin 号载人潜水器与 CURV-I ROV[16] 进行水下打捞工作。CURV-I ROV 通过携带的夹持器夹持氢弹，并与氢弹一起上浮并被吊出水面。这一案例引起了全世界对 ROV 的高度关注，也开启了 ROV 水下作业的新篇章。ROV 类似的应用还比较常见于鱼雷的试验回收。

3.2.4　水下考古打捞

具备水下作业能力的 ROV，在水下考古作业中体现了更强大的使用价值。2007 年，美国“维纳斯”项目中 ROV 首次被应用于水下考古作业，通过 ROV 之间的相互合作实现水下古沉船的三维模型重建[17]。2008 年，《海洋考古学》一书首次记录了ROV水下考古作业，而非仅仅用于水下观测，其中ROV被用于挖掘埋藏于海底泥层下方的文物[18]。2003年，美国“大力神”号ROV通过装配特殊的水下挖掘工具成功勘察了埋藏于黑海下的古沉船。

“大力神”号ROV最大下潜深度为4000m(图3.3)[19]，空气中重量为2400kg，作业工具包括两个亚克力铲斗、Snuffler喷射式挖掘系统、吸盘式回收工具、两个采样篮(可与密闭式采样箱配合)以及相关容器箱。

图3.3 “大力神”号ROV

3.2.5 其他水下打捞作业

ROV也被用于沉船及大型潜艇的辅助打捞，例如大型装备解体后的辅助打捞，通常被用来辅助打捞体与起吊装置的对接工作。除了机械手，表3.8中列举了一些专用的打捞救援作业工具。

表3.8 典型水下打捞救援作业工具

名称	类别	功能
普通U型刀头	专用切割工具	缆线切割
液压扩张器	专用破拆工具	破拆表面结构件
缆绳连接吊点工具	专用夹取式吊点作业工具	残骸吊点
张开式吊点工具	专用张开式吊点作业工具	残骸吊点
黑匣子夹持器	专用黑匣子抓取工具	抓取黑匣子
冲泥工具	专用冲泥工具	掩埋物表面泥土冲洗
ROV液压动力系统	深海液压打捞工具动力源	作业工具动力源

3.3 深海科考作业

3.3.1 世界典型深海科考 ROV 系统

随着陆地资源的日渐枯竭，世界范围内的人口、粮食、环境、资源和能源五大危机日益明显。为摆脱危机，世界各国将目光逐步转向了富含大量资源的海洋，意欲从丰富的海洋资源中寻求更大的生存机会。为了更好地了解海洋、探索海洋，相应的深海科考型 ROV 应运而生，因 4500m 以浅 ROV 已实现产业化，本节重点介绍几款 4500m 以深的 ROV 及其典型作业工具[20-26]，如表 3.9 所示。

表 3.9 各国 4500m 以深的 ROV 及其典型作业工具

	加拿大	美国	日本	法国
名称	ROPOS	Jason II	KAIKO MK-IV	Victor 6000
建造完成时间	2005 年	2002 年	2013 年	1997 年
中继器配置	无	无	有	无
驱动方式	液压	电动	液压	电动
潜水器功率/kW	30	26	56	23
最大工作深度/m	5000	6500	7000	6000
尺寸	3.05m×1.64m×2.17m	3.4m×2.2m×2.4m	3.0m×2.0m×2.6m	3.1m×1.8m×2.1m
空气中重量/t	3.39	4.128	5.5	4
最大航速/kn	2.5	1.5	1.0	1.5
负载能力/kg	130	150	200	—
作业系统	机械手：两套 样品容器：大型生物箱 1 个、中型生物箱 4 个、235L 生物样品容器 1 个 吸入式取样器：最大流量 30L/min 的变速泵与 8 个 2L 的钢瓶 高温探针：4 个 剪切器：不同种类的液压剪切器 工具篮：可通过升降平台移动，负载能力 500kg 其他工具：按照工作任务搭载不同的作业工具	机械手：7F+7F 样品容器：液压驱动可移动的前置样品箱，负载能力 158kg 升降采样器：负载能力 90kg	机械手：两套 CTD 探测 DO 探测 水样采集 沉积物取样	机械手：7F+5F 温度探针：3 个 吸入式取样器：8 个 200ml 水样采样器：19 个 740ml 钛合金采样管：4 个 沉积物取样器：d=53mm，l=400mm 可移动采样篮 样品箱 抓取式取样器

续表

	韩国	印度	德国	中国
名称	HEMIRE	ROSUB 6000	Kiel 6000	海星 6000
建造完成时间	2006 年	2009 年	2012 年	2017 年
中继器配置	无	有	无	无
驱动方式	电动	电动	电动	电动
潜水器功率/kW	21	75	60	35
最大工作深度/m	6000	6000	6000	6000
尺寸	3.0m×1.8m×2.2m	2.53m×1.8m×1.7m	3.5m×1.9m×2.4m	3.2m×1.6m×2.6m
空气中重量/t	3.66	3.7	3.5	3.2
最大航速/kn	1.5	1.5	3.0	1.6
负载能力/kg	200	150	100	200
作业系统	机械手：7F+7F 沉积物取样 水样采集 岩石样品采集 CTD 探测	机械手：7F+5F 沉积物取样 水样采集 多波束探测 DO、CH_4 探测	机械手：7F+5F 沉积物取样器 生物吸样器	机械手：7F+7F 沉积物取样器：6 个 水样采样器：6 个 生物吸样器：4×10L

注：CTD（conductivity-temperature-depth system，温盐深测量仪），DO（dissolved oxygen，溶解氧）

上述 ROV 都属于作业级 ROV，需通过配备相应的科考工具来完成指定的科考任务。随着作业级 ROV 技术的迅速发展，人类对海洋的探索也逐步加深。深海科考已经成为人类探索海洋、了解海洋、开发海洋必不可少的环节。目前，人类对深海的科考工作主要围绕海底生物、海底能源与海底空间的开发等方向展开。

3.3.2 深海科考 ROV 系统典型作业

1. 机械手取样

作为深海潜水器的首选作业工具，机械手可以独立完成水下布放、回收、拾取、机构触发等任务，并可与其他工具配合开展水下采样、测量等作业。在深海 ROV 科考作业中，操作手可通过机械手完成各种样品的取样工作。

国内外使用机械手进行取样作业的应用案例较为普遍。2016 年底，英国科考团队乘坐詹姆斯库克（James Cook）号科学考察船抵达了距离西北非洲海岸 500mi（1mi=1.609344km）处海域进行热带海山科考调查。其间，服役于英国地质调查局的伊希斯（Isis）号遥控潜水器（图 3.4）[27]使用机械手成功完成了海山岩石样品的采集[28]（图 3.5）。

图 3.4　伊希斯号遥控潜水器

图 3.5　西北非洲沿岸海山岩石样品采集

2018 年，中国科学院沈阳自动化研究所组织中国科学院海洋研究所、同济大学、中国科学院深海科学与工程研究所等单位的科学家开展了“海星 6000”科考海试。其间，“海星 6000”通过搭载的“龙螯”与 Titan 4 七功能机械手完成了加瓜海脊及冷泉区不同深度的生物及岩石取样工作，共成功获取生物样品 5 只(图 3.6)及不同类型岩石样品 40 余块(图 3.7)。

图 3.6　机械手生物取样

图 3.7　机械手获取的岩石样品

2. 生物吸样取样

深海科考 ROV 取样作业中，对于尺寸小、数量多以及移动速度快的生物样品，使用机械手操作的难度较大且效率低，可采用专用科考工具中的生物吸样器(图 3.8)进行取样。

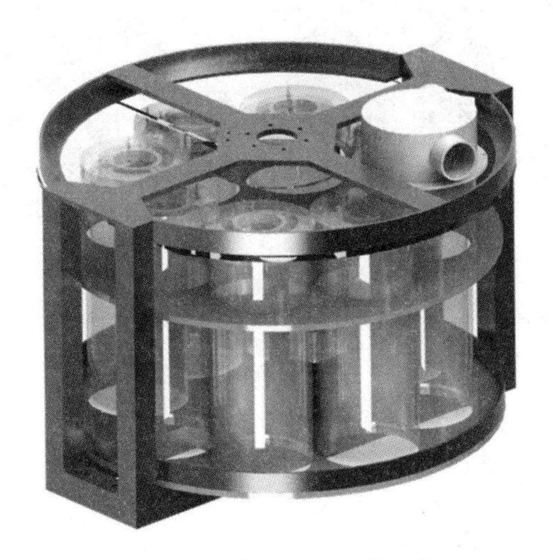

图 3.8　生物吸样器主体结构

生物吸样器主要由储样筒、海水泵及吸样管三部分组成，海水泵由 ROV 系统水下电机泵组驱动，为生物吸样器提供吸样动力。吸样管的一端连接储样筒，另一端安装有可供机械手夹持的把手，在 ROV 进行生物吸样作业时，先由 ROV 接近生物样品目标，然后使用机械手夹持吸样管靠近目标进行吸样作业，最后将目标样品吸入储样筒中。作业场景见图 3.9。

图 3.9　宏生物吸样作业

“海星 6000” ROV 系统在科考应用海试中，使用 ROV 配备的旋转生物吸样器完成了冷泉繁茂区生物样品取样工作，成功获取铠甲虾、阿尔文虾、深海贻贝等生物样品共计 190 余只(图 3.10)。

图 3.10　吸入储样筒的生物样品

3. 海底沉积物取样

海洋沉积物(marine sediments)是各种海洋沉积作用所形成的海底沉积物的总称，是以海水为介质沉积在海底的物质。沉积作用一般可分为物理的、化学的和生物的 3 种不同过程，由于这些过程往往不是孤立地进行，所以沉积物可视为综合作用产生的地质体。其中，水深大于 2000m 的深海底部的松散沉积物被称为深海沉积物，主要分布在大陆边缘以外的大洋盆地内。海底沉积物研究是地球系统科学的一个关键环节。

现阶段，对科考 ROV 系统来说，海底沉积物取样作业主要依靠沉积物取样器完成，在执行沉积物取样科考作业时，潜水器每次可携带一组沉积物取样器阵列(图 3.11)，在潜水器抵达取样区域并完成坐底后，由机械手夹持操作完成取样(图 3.12)。

图 3.11　沉积物取样器阵列

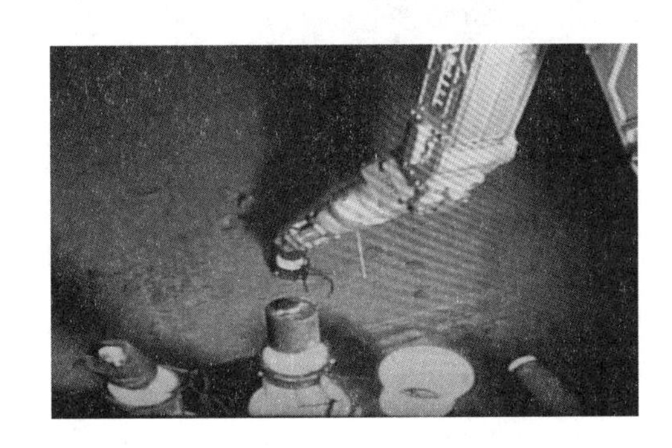

图 3.12　沉积物取样作业及获取的沉积物样品

4. *海底岩石取样*

在科考 ROV 海底岩石取样作业中，可根据海底岩石状态大致分为以下两种情况：当目标样品岩石尺寸较小时，可使用机械手直接拾取并装入采样篮回收；当目标样品岩石尺寸较大或嵌入海底过深时则需要使用岩心取样工具进行取样工作。

基于水下机器人(ROV 或 HOV)的小型岩心钻机按操作形式可分为机械手操作式和非机械手操作式，通常由钻头、驱动系统、控制系统组成，有电力和液压两种驱动方式。其优势在于能够利用水下机器人精确作业实现特定点位的精细取样，获取高价值底质基础数据。但也由于水下机器人本身的限制，钻机的作业功率、钻取深度等均较小。

5. 深海水样取样

在水下作业技术领域，尤其在海洋科考任务中，水样采集是对水下机器人、着陆器及其他水下作业平台的常规需求。使用 ROV 进行深海水样取样作业是深海水样的重要获取途径，也是深海微生物研究样品获取的有效手段。

在科考 ROV 深海水样取样作业中，通常使用卡盖式采水器(图 3.13)进行海水样品的采集，单个采水器采水容积为 2L 至 30L 不等。瓶体通常采用非金属材质。使用方面，可以单独或者串联通过 ROV 机械手操作使其激发，也可以安装于采水器阵列，由 ROV 驱动执行机构控制激发。

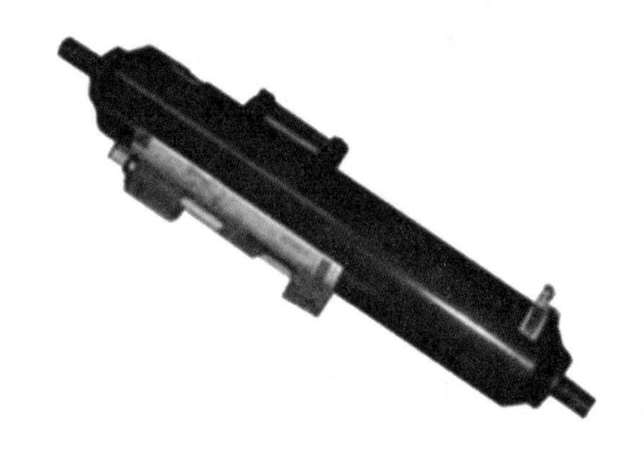

图 3.13　卡盖式采水器

深海水样取样作业在 ROV 科考作业中应用较为广泛，在“海星 6000”ROV 科考应用海试中，潜水器装备了由中国科学院沈阳自动化研究所研制的多点位模块化水样采集装置(图 3.14)并成功获取了 1000～6000m 不同深度等级区域水样共计 20 余升。

图 3.14　多点位模块化水样采集装置

6. 其他作业

基于遥控水下机器人的科考作业除以上经典场景外，也可以搭载其他专用科考作业工具完成多样化科考作业任务，包括深海宏生物原位取样、微生物原位富集、拉曼光谱测量、水合物原位富集及海底热液原位测量等。

在“海星 6000”ROV 系统科考应用航次中，ROV 搭载了由中国科学院海洋研究所研制的水合物富集装置及拉曼光谱仪，于我国台湾西南冷泉喷口附近成功完成了天然气水合物原位富集(图 3.15)及水合物的原位拉曼光谱探测作业，共获取 27 条原位拉曼光谱数据。

图 3.15　天然气水合物原位富集

2016 年，美国国家海洋勘探论坛提出了一种非破坏性生物样品采集模式，旨在通过采集技术使生物样品完好打捞出水面，使其保存原位的组织模式[29]。其目标不是捕捉生物整体，而是基于 ROV 实现对无损样品有机体中的 DNA 或其他分析组织进行“活检”。另外，基于保温、保压的采样瓶打捞技术也被用于深海生物的捕捉，以便用于岸上实验室的进一步分析处理。基于搭载的摄像机，ROV 也可用于近海底资源调查和观测；基于机械手，ROV 也可用于海底热液喷口的温度测量和硫化物取样，以及用于深海锰结核的样品采集等。

3.4　本章小结

在所有水下机器人中，ROV 是当前用于深海作业最普遍的一类水下机器人。本章从石油平台建设和维护、打捞作业和深海科考三种典型应用中概括介绍了 ROV 的作业需求。ROV 作业的核心是利用其携带的传感器进行观测作业，利用机械手开展直接抓取或辅助支撑作业，利用专用作业工具开展特殊作业，在不同场景下，只是其作业的对象有所区别。

参 考 文 献

[1] 李玉君. 直驱式容积控制水下作业工具系统动力源研究[D]. 哈尔滨：哈尔滨工业大学, 2012.

[2] Shukla A, Karki H. Application of robotics in offshore oil and gas industry a review part II[J]. Robotics and Autonomous Systems, 2016, 75: 508-524.

[3] Cougar-XT[EB/OL]. [2020-06-15]. https://www.saabseaeye.com/solutions/underwater-vehicles/cougar-xt.

[4] 宋家慧. 2014 中国国际潜水、救捞与海洋工程技术论坛论文集[M]. 大连：大连海事大学出版社, 2014.

[5] 熊军, 肖国林. 援潜救生体系和系统的现状及发展趋势[J]. 船海工程, 2007, 36(2): 90-93.

[6] Goldsworth A. NATO submarine rescue system (NSRS): An integrated approach to SRS[J]. Naval Forces, 2005: 63-68.

[7] 1978-SCORPIO ROV-(American) [EB/OL].[2020-07-11]. http://cyberneticzoo.com/underwater-robotics/1978-scorpio-rov-american/.

[8] Scorpio_ROV[EB/OL].[2020-06-15].https://en.wikipedia.org/wiki/Scorpio_R-OV.

[9] H1000/ROV/remotely operated vehicle[EB/OL]. [2020-06-15]. https://www.ecagroup.com/en/solutions/h1000-rov-remotely-operated-vehicle#about1.

[10] Panther-XT Plus[EB/OL]. [2020-06-15]. https://www.saabseaeye.com/solutions/underwater-vehicles/panther-xt- plus.

[11] ROV: PERRY SLINGSBY-TRITON SP[EB/OL]. [2020-06-15]. http://www.rovexchange.com/rov_review_perry_slingsby_triton_ sp.php#.

[12] 王雷, 陈世海, 汪有军, 等. 从马航 MH370 事件看救捞系统深远海搜寻和打捞能力建设[C]//第八届中国国际救捞论坛论, 上海, 2014.

[13] ROVs—Remotely Operated Vehicles[EB/OL].[2020-07-11].http://www.phnx-international.com/phnx/phoenix-equipment/rovs/.

[14] 找到“黑匣子”一年后才公布调查报告[EB/OL].(2014-03-13)[2020-07-11]. http://roll.sohu.com/20140313/n396533773.shtml.

[15] CURV[EB/OL].(2019-09-21)[2020-07-11]. https://en.wikipedia.org/wiki/CURV.

[16] Paschoa C. Pioneer Work Class ROVs (CURV-I)-Part 1[EB/OL].(2014-07-21)[2020-07-11].https://www.marinetechnologynews.com/blogs/pioneer-work-class-rovs-(curv-i-iii)-e28093-part-1-700495.

[17] Drap P, Seinturier J, Scaradozzi D, et al. Photogrammetry for virtual exploration of underwater archeological sites[C]//Proceedings of the 21st international symposium, 2007.

[18] Webster S. The development of excavation technology for remotely operated vehicles[J]. Archaeological Oceanography, 2008(4): 41-64.

[19] ROV Hercules[EB/OL]. [2020-06-15]. https://www.gulfbase.org/asset/rov-hercules.

[20] Shepherd K, Juniper S K. ROPOS: creating a scientific tool from an industrial ROV[J]. Marine Technology Society Journal, 1997, 31(3): 48-54.

[21] Jason (ROV)-Wikipedia[EB/OL]. [2020-06-15]. https://en.wikipedia.org/wiki/Jason_(ROV).

[22] Remotely Operated Vehicle KAIKO[EB/OL]. [2020-06-15]. http://www.jamstec.go.jp/e/about/equipment/ships/kaiko.html.

[23] VICTOR 6000-Wikipedia[EB/OL]. [2020-06-15]. https://fr.wikipedia.org/wiki/Victor_6000.

[24] Deep-sea Unmanned Underwater Vehicle HEMIRE ROV[EB/OL].（2019-08-29）[2020-06-15]. https://wolf.zeus.go.kr/partner/ 20190829000000002253.

[25] Remotely Operated Vehicle. Complex of multi-purpose deep-water long-distance underwater device of working class ROSUB-6000[EB/OL]. [2020-06-15]. http://www.edboe.ru/products/rov_e.htm.

[26] Berlin, Germany, the GEOMAR ROV Kiel 6000 at the riverside[EB/OL].（2016-06-07）[2020-06-15]. https://www.alamy.com/stock-photo- berlin-germany-the-geomar-rov-kiel-6000-at-the-riverside-116701518.html.

[27] Incident involving the ROV Isis [EB/OL].（2011-07-03）[2020-07-11]. http://www.rovworld.com/article5122.htmlINSTALLATION/installSQL.phpINSTALLATION/themes/fiblue3d/images/faq.html.

[28] Cornwall W. Mountains hidden in the deep sea are biological hot s-pots. Will mining ruin them [EB/OL].（2019-09-12）[2020-07-11]. https://www.sciencemag.org/news/2019/09/mountains-hidden-deep-sea-are-biological-hot-spots-will-mining-ruin-them.

[29] Ausubel J, Gaffney P G. Final Report of the 2016 National Ocean Exploration Forum: Beyond the Ships 2020-2025[C]//National Ocean Exploration Forum, 2016.

4 遥控水下机器人作业工具

4.1 遥控水下机器人作业工具概述

ROV 的作业能力与其配备的作业工具有直接的关系，作业工具可分为通用型的水下机械手与其他专用工具。水下机械手是目前 ROV 上最常用的作业工具，而针对不同应用场景，又会增加一些特定的专用工具，扩展 ROV 的作业能力，提高作业效率。

水下机械手是 ROV 的核心工具，其性能决定了 ROV 的作业能力，机械手按驱动方式可分为液压驱动式和电机驱动式，两者各有优缺点。液压机械手负载能力强，压力补偿技术的应用使其适用于全海深作业，但是液压机械手体积、重量都大，液压系统复杂、庞大，控制精度低，只适用于 HOV 和大中型 ROV。目前水下电动机械手基本都是采用关节直接驱动式结构，驱动电机置于关节内部，并配置减速器、电位计等部件，关节内部走线。这种机械手具有体积小、重量轻、控制精度高等优点，但是负载比较小，适用于轻型 ROV。

通常情况下，作业型 ROV 装有两个机械手，常见的配置方式为：右舷机械手多为作业机械手，作业精度高，控制系统多采用较高精度的主从式电液伺服控制；左舷机械手主要作为定位机械手，较为简单，一般起锚固定位功能，控制系统采用开关控制方式。采用这种配置是因为 ROV 在水下处于一种悬浮状态，作业时容易发生漂移，其中一只机械手主要完成作业任务，另一只机械手起稳定潜水器、平衡主作业手在工作时产生的反力等作用[1]。

4.1.1 水下液压机械手

水下液压机械手作为一种水下通用作业工具，自从 20 世纪 50 年代开始伴随着水下机器人尤其是 ROV 的发展，经过不断更新和完善，已经达到相当高的水平，国外有专门生产水下液压机械手的公司。深海液压机械手的研制涉及结构、液压、流体、电子、控制、计算机等在内的多门学科，并且对水下工程材料、大深度的密封技术等都有很高的要求。

1. 水下液压机械手液压系统组成与特点

为了完成对水下液压机械手的驱动与控制，水下液压机械手液压控制系统需要由各个单元模块协同工作，主要分为以下几个部分[2]。

(1)动力单元：液压泵，由水下电机驱动，把机械能转化为液压能。

(2)控制单元：ROV 液压系统压力控制阀、流量控制阀和方向控制阀等，用来控制执行单元所需要的运动方向、速度、力或扭矩。

(3)执行单元：液压缸和马达，将液压能转换为机械能，驱动机构工作。

(4)辅助单元：管路、管接头、滤油器、补偿器等。

水下液压机械手具有结构紧凑、功率大、响应速度快、密封性好、可靠性高等特点，这些良好的特性与液压系统本身的优越性密不可分，主要表现在如下方面。

(1)重量功率比和重量扭矩比小，能容量大。这个特点有利于搭载重载液压机械手的潜水器减小体积和重量。

(2)容易获得较大的力或力矩。一般机械传动欲获得很大的力或力矩，要通过一系列复杂的减速，结构复杂、成本高，而液压传动则很容易获得很高的单位压力。

(3)能在较大范围内实现无级调速。液压系统采用变量泵或调速阀，或两者同时使用，可以实现大传动比的无级调速，便于控制机械手的动作幅度。

(4)易于防止过载，可避免机械和人身事故。由于液压系统可用安全溢流阀控制最高油压，所以在负荷(压力)超过最高限压时，工作油液便溢流回到油箱，从而避免超载和由此引起的事故。

(5)可以与无线电、电力、气动相配合，搭建出各方面性能良好、自动化程度较高的传动和控制系统。

此外，水下液压系统的优越性还体现在可以实现对外高压环境的自动补偿。在深海的作业环境里，机械手不可避免承受很高的海水压力，而且压力随着工作水深增大。但是，在液压系统的油源加装补偿器后，不仅可以补偿因油液本身的弹性、温度及下潜深度而产生的油液体积变化，更主要的是可以平衡内外压力，使系统内压等于工作水深外压或稍大于外压，从而实现对环境压力自动平衡补偿。这样使得水下机械手系统能胜任大深度的水下作业，更是成为 ROV 和 HOV 等深海装备中不可缺少的组成部分。

2. 水下液压机械手的控制方式及工作配置

水下环境复杂多变，海流、低温、高压等各种极端条件对水下液压机械手系统都是严峻的挑战，所以设计一个可靠的控制系统来保证它安全、准确地工作至关重要。对一个水下机械手控制系统来说，决定其控制效果的是系统本身采用的控制方式。

(1)开关式控制。它是由操作员分别操作与机械手各关节相对应的开关，使各关节的驱动器动作，从而改变机械手的位姿。控制系统只输出开关信号，结构简单，动作速度不能调节。

(2)单杆式控制。在一个单杆手柄所限定的作业范围内同时操动几个关节，可使几个关节做复合动作，提高了操纵性能。然而由于单杆操作范围有限，往往小于机械手可能作业的空间范围，当机械手超出单杆操作范围时，容易引起机械手实际位置与显示屏幕上的图像不相符，需要花费操作员许多额外精力调整，降低了工作效率。

(3)主从式控制。这是目前作业型 ROV 液压机械手系统常用的控制方式，将水下机械手本体当作从手，主手与从手自由度配置相同，形状类似，且尺寸成一定比例关系，操作员直接操动主手而实现对从手的控制。实际中通常采用位置伺服系统，主手的瞬时动作被从手按比例复制，以实现主手与从手的空间位姿保持对应。当主手和从手均处于平衡位置时，位置偏差信号为零，驱动器没有输出；当操作员使主手偏离某一位置做某种动作时，造成主手与从手空间位姿或位姿变化值不同，由此产生偏差，该偏差信号放大后被输入到从手的驱动器上，使从手做减小这一偏差的动作，即从手随主手动作完成所需的操作任务。

采用主从操作，操作员可在船上的控制室内操动主手来控制水下机械手，帮助人完成不能在水下直接用手操作的作业，既安全可靠，也扩大了人的操作能力，机械手搭载于 ROV 的工作示意图如图 4.1 所示。

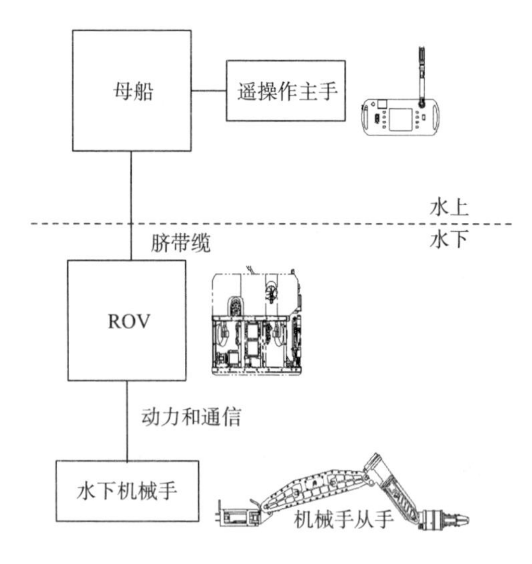

图 4.1　机械手搭载于 ROV 开展作业

3. 国外液压机械手的发展与应用现状

国外水下液压机械手的研究中，美国、英国、法国、日本等国研究较早，水下机械手的控制技术比较成熟,研制的水下机械手大部分应用在 ROV 和 HOV 上，用于水下工程、打捞、科考等领域，以主从伺服操作模式为主。典型的水下液压机械手基本结构是 6 自由度加夹钳，各个关节的配置和动作顺序基本相同，唯一不同的是机械手关节的运动角度和作业范围。当前生产水下液压机械手的公司有 Schilling Robotics 公司、Kraft TeleRobotics 公司、Hydro-Lek 公司等。除了商用机械手产品，一些研究机构自行研制机械手用于自己研制的潜水器，更详细的信息可以参考文献[3]。

4. 国内液压机械手发展和应用现状

我国深海潜水器的发展始于 20 世纪 80 年代，液压机械手的研制更晚，“十二五”前，国内大深度潜水器用机械手基本依赖进口。中国科学院沈阳自动化研究所致力于潜水器的作业工具开发，早期以水下五功能和六功能液压机械手为典型代表，采用液压动力驱动，主从式伺服控制或开关式控制，可以完成较复杂的操作，如抓取海底物品、采样、带缆挂钩、清理现场、辅助定位、配合其他工具进行作业等。自 2005 年开始，中国科学院沈阳自动化研究所研制五功能重型开关型液压机械手，并装备在 1000m 作业型 ROV 上使用。2012 年开始，在 863 计划项目支持下研制了 7000m 七功能主从伺服液压机械手和六功能开关型液压机械手系统，于 2013 年 12 月完成 7000m 整机在线压力试验[4]。其中，2015 年 7 月七功能主从伺服液压机械手搭载于“发现”号 ROV 在冷泉区完成首次科考作业，被选为我国 4500m 载人潜水器的配套设备，实现了深海液压机械手系统的国产化及替代进口产品。

图 4.2 为中国科学院沈阳自动化研究所研制的几款典型水下液压机械手实物图，表 4.1 为机械手型号及主要技术指标。“十三五”期间，中国科学院沈阳自动化研究所开始研发全海深主从伺服液压机械手。

(a) 五功能轻型开关手

(b) 六功能轻型伺服手

(c)六功能深海开关手

(d)七功能深海伺服手

图 4.2　中国科学院沈阳自动化研究所研制的水下液压机械手实物图

表 4.1　中国科学院沈阳自动化研究所研制的水下液压机械手

参数	五功能轻型开关手	六功能轻型伺服手	五功能重型开关手	六功能深海开关手	七功能深海伺服手
自由度	4+夹钳	5+夹钳	4+夹钳	5+夹钳	6+夹钳
液压源/MPa	14	14	21	21	21
主体材料	铝合金	铝合金	铝合金	铝合金	铝合金
最大夹持力/N	500	890	4000	4000	4000
腕转力矩/(N·m)	120	120	170	290	290
驱动机构	液压缸	液压缸	液压缸、摆线马达	液压缸、摆线马达	液压缸、摆线马达
最大伸展范围/mm	1170	1170	1900	1600	1900
最大伸展举力/kg	50	27	170	80	65
最大作业深度/m	300	300	1000	7000	7000

浙江大学“十二五”期间为“海马”号 ROV 配套研制了 1.6m 伸距的七功能重型和 1.3m 伸距的五功能重型液压机械手[5]，分别采用比例阀速度控制和开关控制，应用于“海马”号 ROV 冷泉喷口及海底作业[6]（图 4.3）。另外，哈尔滨工程

图 4.3　“海马”号 ROV 的液压机械手作业

大学[7]、华中科技大学[8]等单位均开展了水下液压机械手的相关研究工作。

4.1.2 水下电动机械手

水下电动机械手与液压机械手相比，不需要庞大的液压系统配套支持，更易实现轻质、高精度等，但其负载能力较小，水下密封特别是深海密封较液压机械手困难，应用没有液压机械手广泛，其产业化程度也不如液压机械手。当前国际上电动机械手产品主要面向中小型 ROV 应用，虽然产业化程度不及液压机械手，但其特性更适合未来潜水器自主作业的发展需求，因此，针对水下电动机械手的研究工作并不比液压机械手的少。

水下电动机械手的设计涉及的问题比较多，相对陆地上的电动机械手需要考虑内部元器件密封耐压问题。设计中可以借助成熟的陆地电动机械手设计思路和水下液压机械手的密封耐压技术，但目前还没有形成全面的水下电动机械手系统设计理论，其设计和实现还受到相关技术如电机功率和外形尺寸等问题的限制。随着大扭矩小尺寸驱动电机、精密高效小型化减速机器、高精度传感器的实现及水下材料、密封技术的发展，轻型大负载深海电动机械手将更容易实现。

1. 国外水下电动机械手发展与应用现状

国外水下电动机械手的研究起步较早,部分已经成功应用到 ROV 和 AUV 上。如意大利 ANSALDO 公司为美国夏威夷大学 SAUVIM 项目研制了一台名为 MARIS 7080 的七功能水下电动机械手，如图 4.4 所示，总长 1.4m，全伸长状态下能够负载 8kg，关节内部充油进行压力补偿，提高了承压能力和密封性能，目前完成了半自主作业海试工作[9]。

图 4.4 夏威夷大学 SAUVIM 项目中 MARIS 7080 机械手

法国 ECA Group 公司是当前专业从事水下电动机械手生产的公司，其水下电动机械手产品包括 ARM 7E、ARM 7E Mini、ARM 5E、ARM 5E Mini 和 ARM 5E Micro 等产品[10]，均采用电动直线缸驱动，通过内部充油进行压力补偿可以实现深海作业，相关产品已搭载于 ROV 开展水下作业任务。国外还有其他厂家生产功能数较少的小型或 Mini 型电动机械手，如 Ocean Innovation System 公司的水下五功能电动机械手[11]，Graal Tech 公司的模块化水下电动机械手 UMA[12]等。

2. 国内水下电动机械手发展与应用现状

近年来，国内许多单位开展了水下电动机械手的研发工作，如中国科学院沈阳自动化研究所、哈尔滨工程大学、华中科技大学等。中国科学院沈阳自动化研究所在水下电动机械手方面开展了大量工作，研发出多款水下电动机械手，包括三功能水下电动机械手[13]（图 4.5）、四功能关节直驱式水下电动机械手[14]（图 4.6）、五功能直线缸驱动式深海电动机械手[15]［图 4.7（a）］以及七功能直线缸驱动式深海电动机械手［图 4.7（b）］。

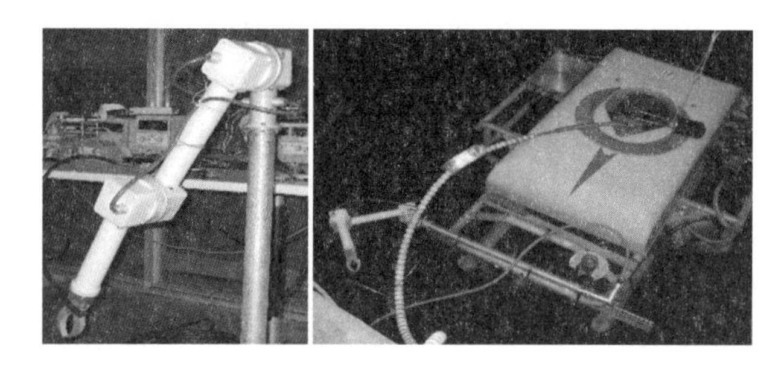

图 4.5　三功能水下电动机械手

图 4.6　四功能关节直驱式水下电动机械手

(a) 五功能直线缸驱动式

(b) 七功能直线缸驱动式

图 4.7 深海电动机械手

华中科技大学在 863 计划项目支持下研制了一款名为 Huahai-4E 的四功能水下电动机械手[16]，关节集成了永磁无刷电机、驱动电路、谐波齿轮和角度传感器，关节内部充油以适应 3500m 深海环境，机械手空气中重 52kg，臂展 0.96m，全伸长负载 10.2kg，如图 4.8 所示。

图 4.8 华中科技大学 Huahai-4E 四功能水下电动机械手

哈尔滨工程大学研制了一款 5 自由度水下电动机械手[17]，机械手伸展长度可达 2.3m。

4.1.3 水下专用作业工具

水下专用作业工具是指用来完成某一项或某一类特定作业任务而设计的作业工具，具有很强的针对性，也可安装在机械手的末端夹持器上，扩展水下机械手的作业能力。这些工具的研制和应用都越来越注重具有标准的尺寸和 ROV 接口。专用作业工具的种类形式很多，按运动方式可以分为旋转型、直线型和冲击型，具体分类如表 4.2 所示。

表 4.2 ROV 专用作业工具分类

运动方式	动力形式	工具名称	用途
旋转型	摆线马达	清洗刷	水下结构物清洗
	高速马达	砂轮锯	水下切割和打磨
	低速马达	水下钻具	钻眼、攻丝
直线型	直线油缸	剪切器	钢缆切割
		夹持器	沉积物打捞
冲击型	冲击油缸和马达	破碎锤	岩石破碎
		冲击扳手	螺栓拧紧和松开
	往复油缸和马达	冲洗枪	沉积物清除

4.2 七功能主从伺服液压机械手系统

在 863 计划项目的支持下，中国科学院沈阳自动化研究所自主研制了水下七功能主从伺服液压机械手系统(以下简称“七功能深海液压机械手”)，下面以此机械手为例介绍七功能深海液压机械手的一些情况。

4.2.1 技术参数

七功能深海液压机械手技术参数如表 4.3 所示。

表 4.3 七功能深海液压机械手技术参数

项目	技术参数
工作水深	7000m
液压系统额定工作压力	21MPa
机械手本体空气中重量	85kg
从手全范围最大持重	65kg
从手最大伸长范围	1.9m

4.2.2 系统组成

七功能深海液压机械手系统如图 4.9 所示，由水面控制盒(含水面控制器和主手)、水下阀箱、从手本体等组成，其中水下阀箱(含驱动器和控制器)留有液压补偿器接口。水面控制盒及其电源盒为水面部分，水下阀箱、从手本体为水下部分。实际运行中，水面部分与水下部分只有通信连接，水面向水下部分发送主手位置信息及操作模式信息，水下向水面发送从手位置及水下阀箱内部相关信息。

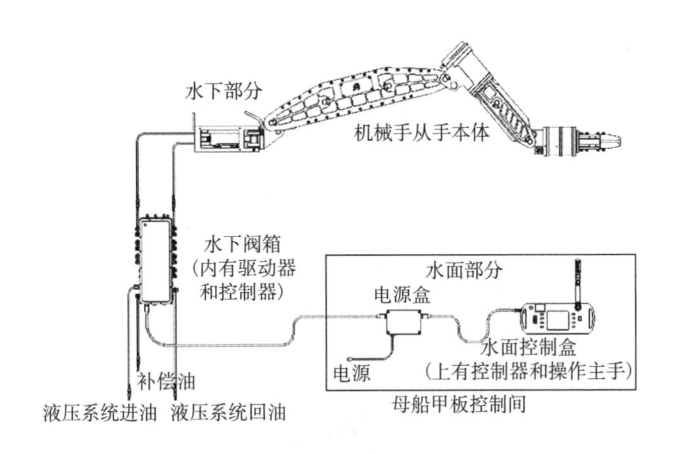

图 4.9　七功能深海液压机械手系统组成

4.2.3　操作主手及水面控制盒

操作主手由 6 自由度关节及末端接触触发开关组成，其 6 自由度与水下从手 6 自由度运动对应，为实现紧凑设计，将传感器核心部件与主手本体进行一体化设计。水面控制盒是七功能深海液压机械手的控制终端，水面控制盒包括箱体、控制面板、功能按键、操纵杆、显示屏、微型控制计算机等。控制面板上有总电源开关、功能按键、夹钳控制摇杆等，整体效果图如图 4.10 所示。

图 4.10　七功能深海液压机械手系统主手及控制盒效果图

4.2.4 从手本体

从手为七功能深海液压机械手系统的作业执行机构，除了完成相应的动作、保证足够的强度和刚度外，还考虑其安装、调试、检测及维护、维修的便捷性。

从手在结构上包括机械手基座、关节运动驱动液压缸(包括 4 个直线缸和 1 个摆动缸)、大臂、小臂、腕转夹钳组件及液压管件。主体结构采用铝合金，轴承部分采用复合材料。从手关节运动功能及驱动类型见表 4.4。

表 4.4 从手关节运动功能及驱动类型

序号	关节	驱动类型	设计运动范围
1	肩关节左右摆动	短直线液压缸	120°
2	肩关节上下俯仰	长直线液压缸	120°
3	肘关节上下俯仰	长直线液压缸	120°
4	肘关节左右转动	摆动液压缸	180°
5	腕关节上下俯仰	短直线液压缸	120°
6	腕关节轴向转动	摆线液压马达	360°
7	夹钳夹持	超短直线缸	开合 0～140mm

除夹钳外，七功能深海液压机械手从手直线缸、摆动缸及腕转均通过电位计进行位置检测。从手最大伸长及收回状态图见图 4.11。

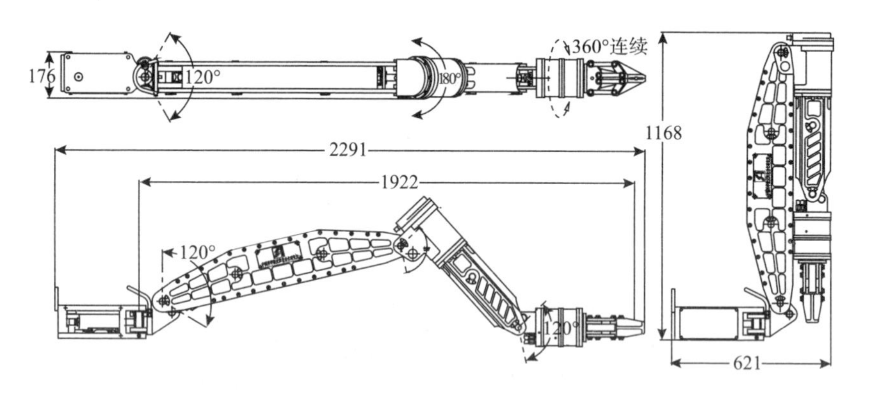

图 4.11 七功能深海液压机械手系统从手最大伸长及收回状态图(单位：mm)

4.2.5 液压系统

6 自由度关节与夹钳均使用电液伺服阀控制，每个关节都安装有液压锁，实现在系统卸荷时，相应关节执行锁闭。为保证在阀箱总阀处于关闭状态下，阀箱内部形成封闭的压力油通路中的油液仍具有补偿效果，在压力油通路与回油通路之间通过单向阀相连通。每个执行元件的进出油口都接有溢流阀，保证在机械手从大深度压力向低压环境过渡过程中能够及时将死腔压力泄掉。夹钳控制设计了外控式的泄压阀，保证在系统出现故障时夹钳不被锁死。七功能深海液压机械手系统从手液压原理图如图 4.12 所示。

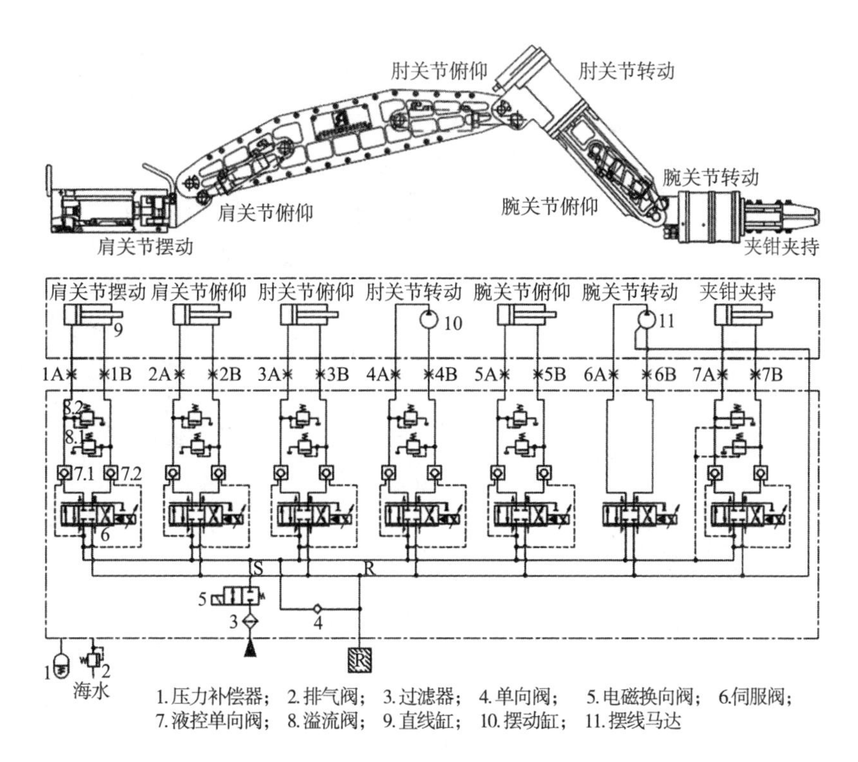

图 4.12　七功能深海液压机械手系统从手液压原理图

4.2.6　主从伺服控制系统

七功能深海液压机械手控制系统是一个实时控制系统，如图 4.13 所示，以高级精简指令集机器(advanced RISC machines，ARM)微处理机为核心，可以实现对机械手的直接控制，以及相关功能的扩展。水面控制盒内包含 ARM 板和扩展板，组成了控制系统的上位机，负责信号的集中转发处理、系统运作的调度和管理，以及机械手实时状态信息监控，保证反馈信息与控制指令数据流的协调、通畅，完成有序的控制任务。下位机以 AVR 单片机为控制核心，主要用来接收上位机指令，监控从手状态，驱动伺服阀，从而实现对从手本体 6 个关节的闭环控制以及对末端执行器(夹钳)实现开环控制的功能。

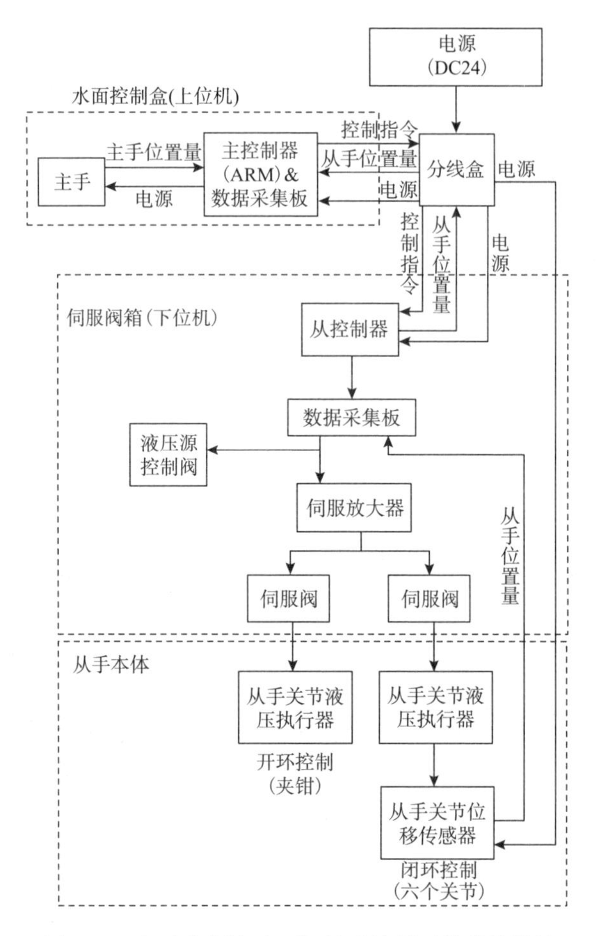

图 4.13　七功能深海液压机械手控制系统总体结构

1. 机械手系统硬件组成

主手控制系统以 ARM 为控制核心，从手控制系统以单片机为控制核心。从手控制器为基于单片机微控制器的控制板，具备的功能包括 A/D(analog/digital，模/数)数据采集、D/A(digital/analog，数模)输出、信号处理电路、RS-232 及 RS-485 通信，可承受深海 7000m 的海水压力。七功能深海液压机械手系统硬件组成图如图 4.14 所示。

2. 机械手系统软件

七功能深海液压机械手控制系统根据主从关系，可划分为主手控制系统和从手控制系统。相应地，软件可划分为主手控制系统软件和从手控制系统软件。软件的功能体系结构如图 4.15 所示。

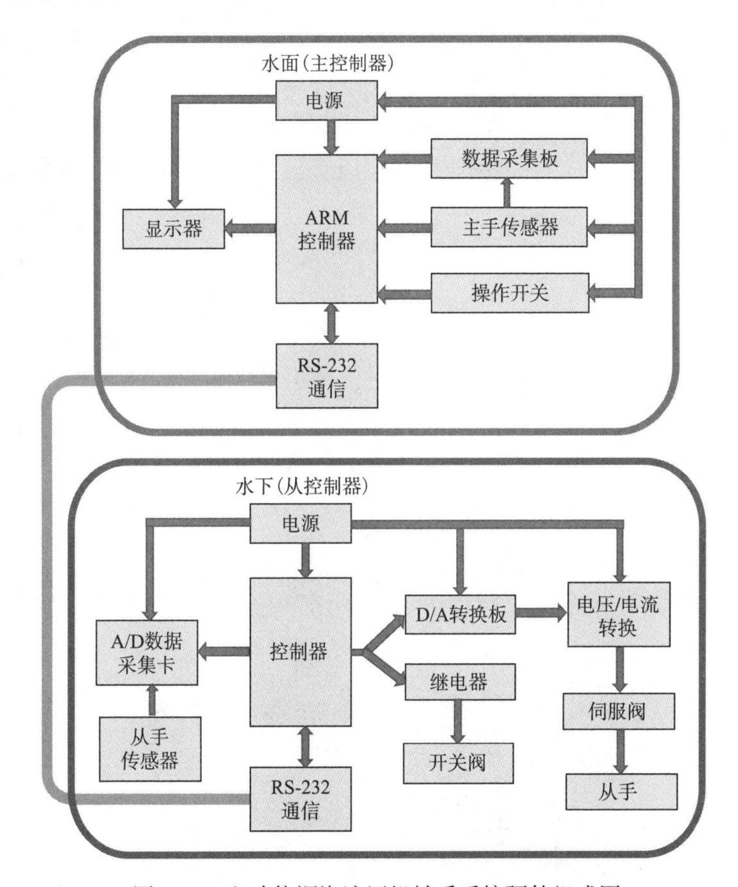

图 4.14　七功能深海液压机械手系统硬件组成图

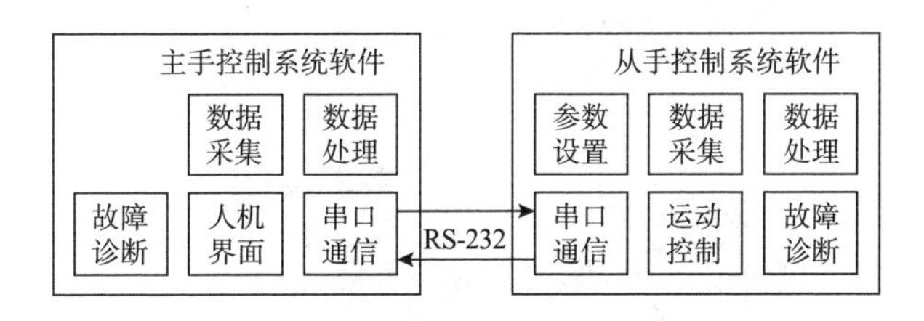

图 4.15　主从手控制系统软件功能体系结构

主手控制系统软件以多界面的形式向操作者提供一个友好的人机交互环境，其功能主要是完成主手姿态信息、命令以及配置参数信息的采集，并通过串口传递给从手控制器，同时接收来自串口反馈的从手姿态、位置设定、参数与故障等信息，并在人机界面上显示出来，供操作者查看。从手控制系统软件的功能则主要是完成从手的主从运动控制、关节位置信息采集、参数设置、故障诊断等。

3. 人机界面

为使人机交互更加合理，对水面控制盒的操作进行了人性化设置，水面控制盒主要具备以下操作特点。

(1)水面控制盒表面的液晶屏可以实时地向用户显示主从手的姿态信息。

(2)用户接口友好，便于人机交互，可以直接操作图形界面修改机械手的运动控制参数。

(3)在任意时间，用户通过屏幕两侧的功能键进行窗口切换，便于不同的程序及窗口间的信息交换。

(4)工作模式的选择与切换。根据机械手实际的作业环境和任务需求变换工作模式，以便更好地完成作业任务，同时对机械手自身有一定的保护。

操作者主要通过主手控制器的液晶显示(liquid crystal display，LCD)人机界面、面板按键以及主手操纵杆，完成从手的参数配置及运动操作。

4.2.7　样机实物

七功能深海液压机械手系统样机如图 4.16 所示，水面控制盒如图 4.17 所示。

图 4.16　七功能深海液压机械手系统样机图

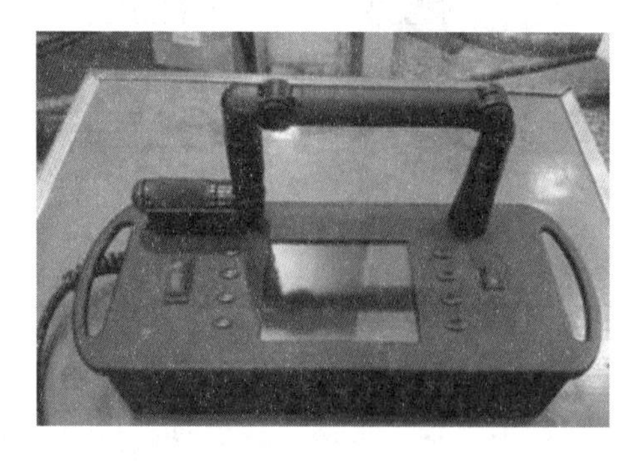

图 4.17　七功能深海液压机械手系统水面控制盒

4.2.8 压力试验

为了验证系统在 7000m 深度下的工作情况，将七功能深海液压机械手系统水下部分置于压力筒中，测试各项功能是否满足 7000m 深度设计指标，试验框架上搭载了辅助照明灯及摄像机等辅助设备。图 4.18 为机械手整机试验系统放入压力筒及试验过程中的人员操作示意图,压力试验过程的部分视频截图如图 4.19 所示。71.5MPa 在线压力试验和 78.5MPa 最大承压试验表明，七功能深海液压机械手系统满足设计指标，完全可以在水下 7000m 条件下工作。

图 4.18　系统整机压力试验入筒及试验中人员操作

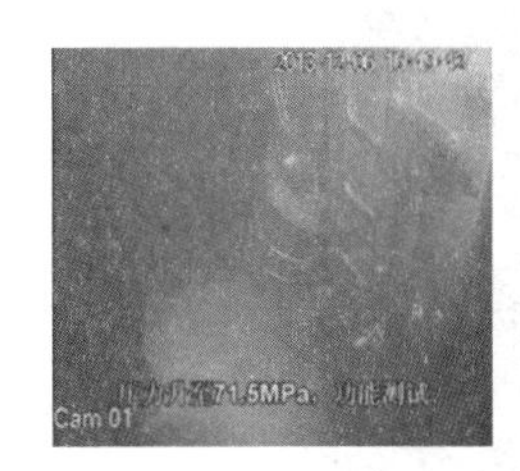

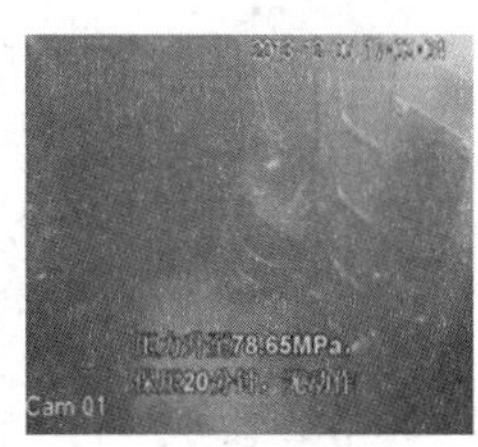

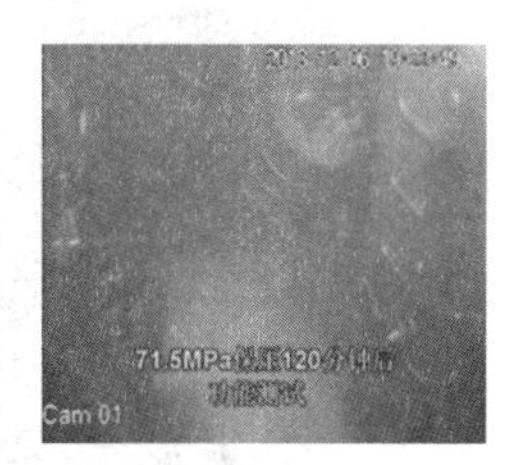

图 4.19　机械手系统整机 7000m 压力试验过程视频截图

4.2.9 海上试验

为了验证七功能深海液压机械手的实际工作性能，将其搭载在不同潜水器上开展了一系列的海上应用试验，充分测试了机械手系统的各项功能指标。

1. 搭载于 1000m ROV 海试

2014 年 5 月，七功能深海液压机械手搭载于 1000m ROV 开展海上应用试验。该 ROV 系统水下部分包含中继器和 ROV 载体，机械手水面控制器及操作主手由水面电源供电，从手及控制阀箱由 ROV 载体供电，水面、水下控制器通过长 1750m 的光纤通信，其中 ROV 主脐带缆长 1500m，中继器系缆长 250m。

机械手随 ROV 下潜多次开展功能测试，在浅海区域与 ROV 左舷的五功能开关手协同配合操作水下目标绳索抓取作业。整个试验中机械手状态良好，水面、水下动作功能正常，并在水下顺利完成了目标抓取作业。

图 4.20 为七功能深海液压机械手搭载于 1000m ROV 照片，图 4.21 为七功能深海液压机械手水下作业视频截图。

图 4.20　七功能深海液压机械手搭载于 1000m ROV

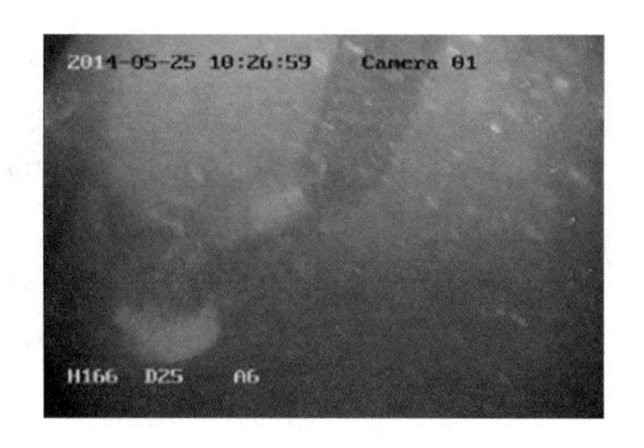

图 4.21　七功能深海液压机械手水下作业视频截图

2. 搭载于“发现”号 ROV 开展冷泉区科考应用

2015 年 7 月，七功能深海液压机械手搭载于“发现”号 ROV 随“科学”号海洋综合考察船前往巴士海峡执行科考作业任务。水面控制器及操作主手由水面供电，从手及控制阀箱由潜水器供电，水面、水下控制器通过长 5500m 的光纤通信。图 4.22 为七功能深海液压机械手搭载于“发现”号 ROV 的海试现场照片。

图 4.22　机械手搭载于“发现”号 ROV 海试现场照片

在 1100m 冷泉区，机械手随 ROV 进行了 9 次下潜，进行了科考工具和采样器的布放、触发及回收，完成了样品采集与回收等作业任务，顺利完成首次科考作业任务。图 4.23 为七功能深海液压机械手搭载于“发现”号 ROV 开展的系列科考应用。

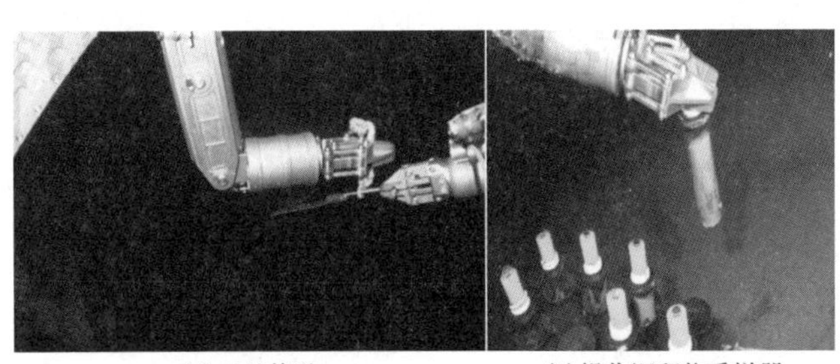

(a) 工具传递　　(b) 操作沉积物采样器

(c) 回收生物培养笼　　(d) 采集样品

图 4.23　七功能深海液压机械手搭载于“发现”号 ROV 科考应用

3. 搭载于“海星 6000”ROV 开展科考应用

2017 年 9 月，七功能深海液压机械手搭载于“海星 6000”ROV 开展深海试验，此次试验最大下潜深度达到 5611m，完成了目标放置与拾取、多机械手协作等多项深海科考作业任务。图 4.24 所示为七功能深海液压机械手在 5597.5m 深处的加瓜海脊开展作业任务[18]。2018 年 10 月，七功能深海液压机械手随“海星 6000”ROV 开展深海科考应用，最大作业深度 6001m。

图 4.24　七功能深海液压机械手搭载于“海星 6000”ROV 在加瓜海脊作业

4. 应用于“深海勇士”号载人潜水器

2018 年 4 月，两套七功能深海液压机械手作为 4500m 载人潜水器“深海勇士”号的配套设备，随“深海勇士”号开展深海科考、考古调查及打捞作业。图 4.25 为七功能深海液压机械手搭载于“深海勇士”号载人潜水器开展南海考古作业的现场照片[19]。

图 4.25　七功能深海液压机械手搭载于“深海勇士”号载人潜水器开展南海考古作业

4.3　六功能主从开关液压机械手系统

4.3.1　技术参数

在 863 计划项目的支持下，中国科学院沈阳自动化研究所研制了深海六功能主从开关液压机械手(以下简称“六功能深海液压机械手”)，其技术参数如表 4.5 所示。

表 4.5　六功能深海液压机械手技术参数

项目	技术参数
工作水深	7000m
液压系统额定工作压力	21MPa
机械手本体空气中重量	75kg
机械手本体全范围最大持重	80kg
机械手本体最大伸长范围	1.6m

4.3.2　系统组成

六功能深海液压机械手系统由水面控制盒、水下开关阀箱、机械手本体和液压补偿器等组成，系统组成见图 4.26。水面控制盒及其电源盒为水面部分，水下开关阀箱、机械手本体和液压补偿器为水下部分。实际运行中，水面部分与水下部分只有通信连接，水面向水下部分发送关节运动指令。

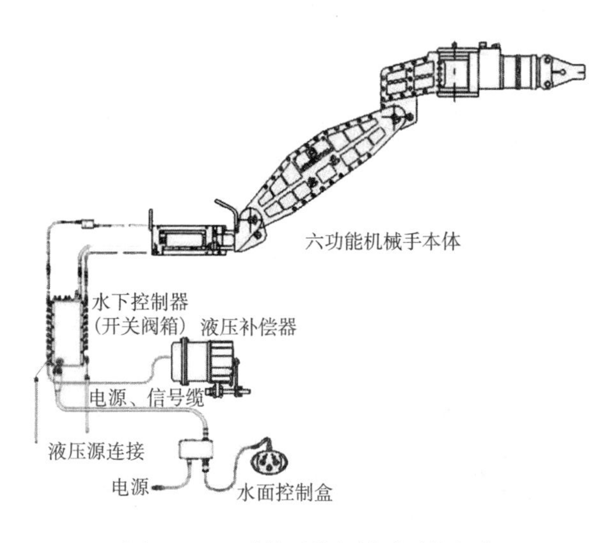

图 4.26　六功能开关机械手系统组成

4.3.3 水面控制盒

水面控制盒是六功能深海液压机械手的控制终端，如图 4.27 所示，水面控制盒包括箱体、面板、开关、操纵杆、控制器等。控制面板上有总电源开关、液压加载开关、夹钳控制开关、腕转控制开关、两自由度控制摇杆和状态指示灯等。

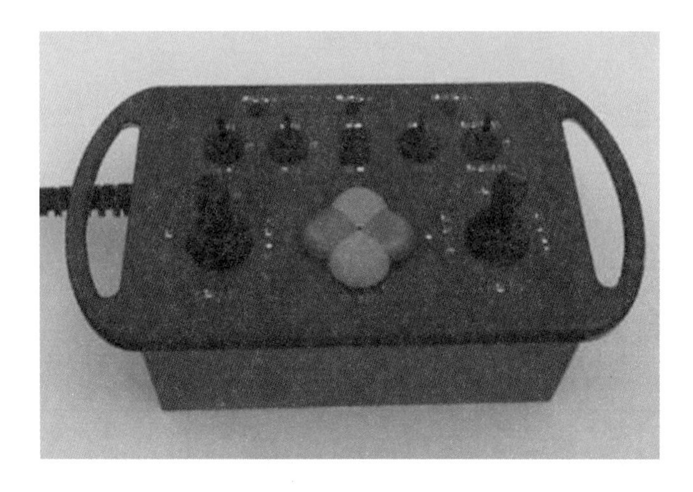

图 4.27 六功能深海液压机械手水面控制盒效果图

4.3.4 机械手本体

机械手本体在结构上包括机械手基座、关节运动驱动液压缸(包括 3 个直线缸和 1 个摆动缸)、大臂、小臂及腕转夹钳组件。关节运动功能及驱动类型见表 4.6，机械手本体外形图见图 4.28。

表 4.6 六功能深海液压机械手关节运动功能及驱动类型

序号	关节	驱动类型	设计运动范围
1	肩关节左右摆动	短直线液压缸	120°
2	肩关节上下俯仰	长直线液压缸	120°
3	肘关节上下俯仰	长直线液压缸	120°
4	腕关节左右摆动	摆动液压缸	180°
5	腕关节轴向转动	摆线液压马达	360°
6	夹钳夹持	超短直线缸	开合 0°～90°

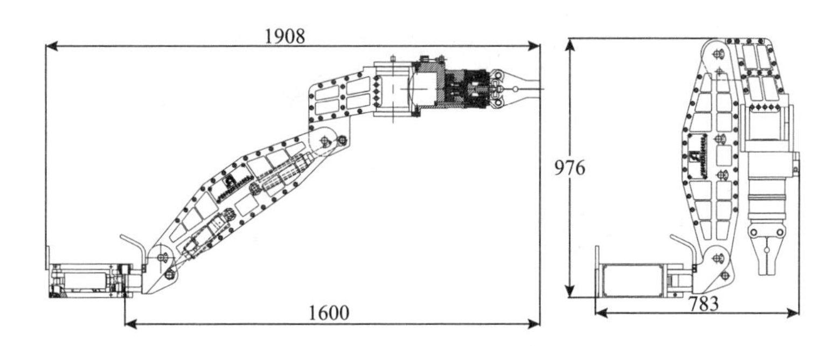

图 4.28　六功能开关机械手本体外形图(单位：mm)

4.3.5　机械手液压系统原理图

六功能深海液压机械手液压系统原理图见图 4.29。

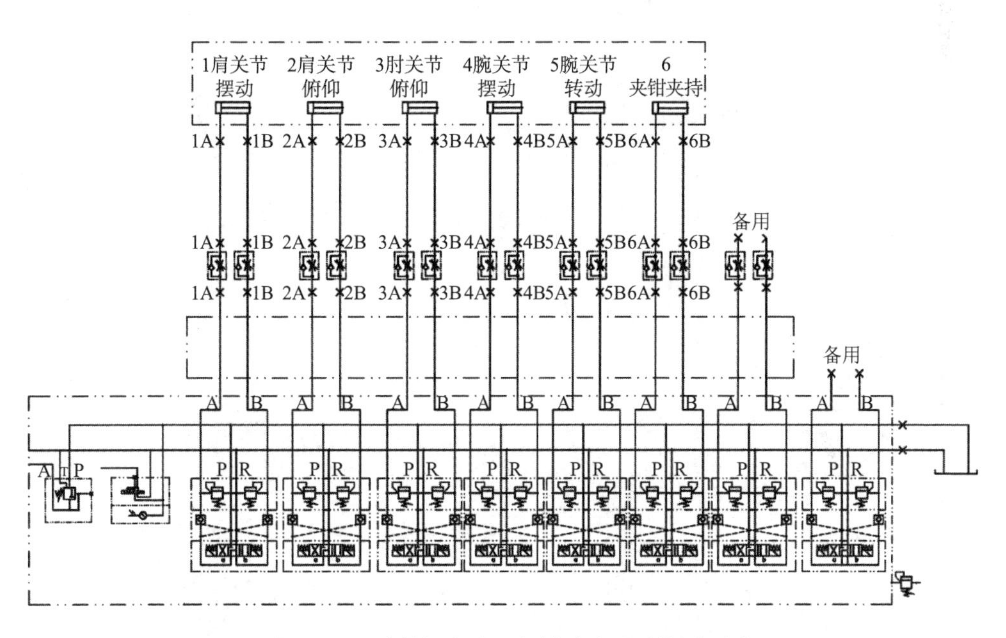

图 4.29　六功能深海液压机械手液压系统原理图

4.3.6　机械手硬件组成

六功能深海液压机械手水面控制盒及水下开关阀箱控制器均以单片机为控制核心。硬件组成框图如图 4.30 所示。

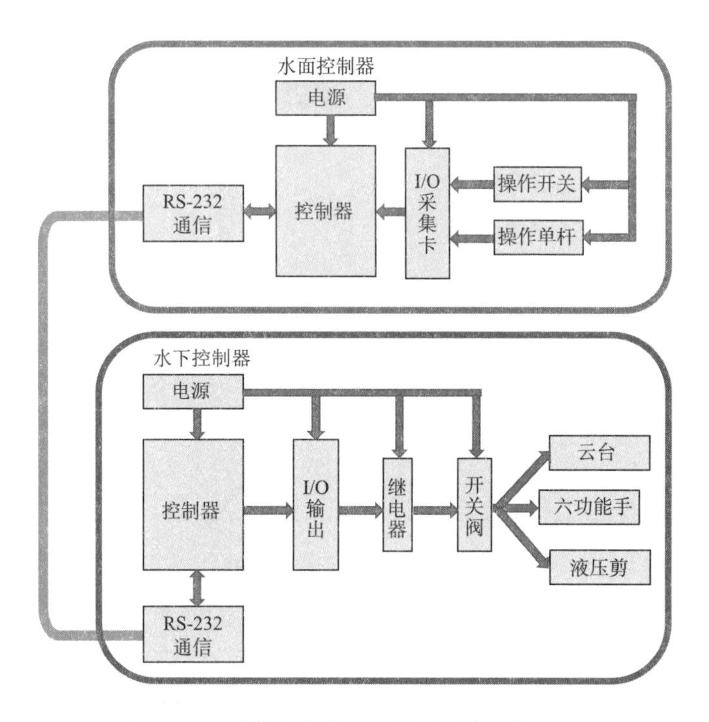

图 4.30　六功能深海液压机械手系统硬件组成图

4.3.7　机械手系统样机

六功能深海液压机械手系统样机见图 4.31。

图 4.31　六功能深海液压机械手系统样机照片

4.4 五功能深海电动机械手系统

针对水下液压机械手支持系统庞大复杂、关节直接驱动式水下电动机械手负载能力低等问题，面向中小作业型潜水器的应用需求，中国科学院沈阳自动化研究所研制了一款中等负载的五功能深海电动机械手样机(以下简称“五功能深海电动机械手”)。

4.4.1 技术参数

该五功能深海电动机械手各关节驱动类型以及主要的技术参数如表 4.7 所示。

表 4.7 五功能深海电动机械手主要技术参数

编号	功能	驱动类型	关节运动范围	可实现动作	备注
1	肩摆动	电动直线缸	−60°～60°	左摆/右摆	空气中重量 30 kg，水中重量 20 kg，全伸长状态负载 25 kg，腕转转矩 25 N·m，夹持力不小于 147 N，臂展不小于 1 m
2	肩俯仰	电动直线缸	−30°～90°	上摆/下摆	
3	小臂俯仰	电动直线缸	−90°～30°	上摆/下摆	
4	腕转	直流电机+齿轮	360°连续旋转	顺转/逆转	
5	夹钳	短电动直线缸	最大张开 140 mm	张开/合闭	

4.4.2 机械手整体结构

机械手采用电动直线缸和腕转夹钳两种模块进行驱动，整个机械手具有四个自由度和一个夹钳功能，其中肩摆动关节、肩俯仰关节、小臂俯仰关节采用电动直线缸模块进行驱动，腕转和夹钳集成到一个关节壳体里面组成腕转夹钳模块。机械手整体结构如图 4.32 所示。

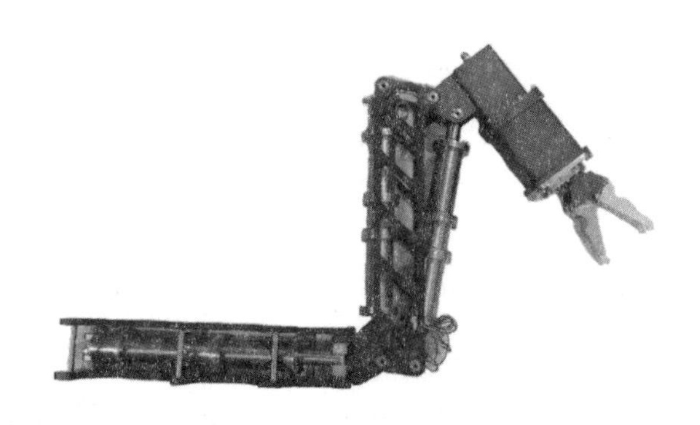

图 4.32 五功能深海电动机械手

电动直线缸模块内部采用滚珠丝杠进行传动，将电机的旋转运动转化为直线运动，从而输出直线位移和直线力来驱动关节进行旋转运动，内部装有拉线式直线电位计，能够实现位置控制。腕转采用齿轮传动，能够输出360°连续旋转运动。夹钳也采用滚珠丝杠进行驱动，能够实现较大的夹持力，夹钳最大张开140mm。腕转电机和夹钳电机并列放置，解决了绕线问题，使得走线比较简单方便，腕转夹钳模块内置旋转电位计，能够实现腕转的定位控制。

4.4.3 机械手控制系统

五功能深海电动机械手控制系统要求各个部分结构集成化、紧凑化、轻质量化以及小型化。五功能深海电动机械手控制系统采用微型控制器PC-104。采用脉宽调制(pulse-width modulation，PWM)驱动器来接收控制信号，信号经驱动器放大后输出给有刷直流电机，实现对机械手的运动控制。五功能深海电动机械手控制系统框图如图4.33所示。

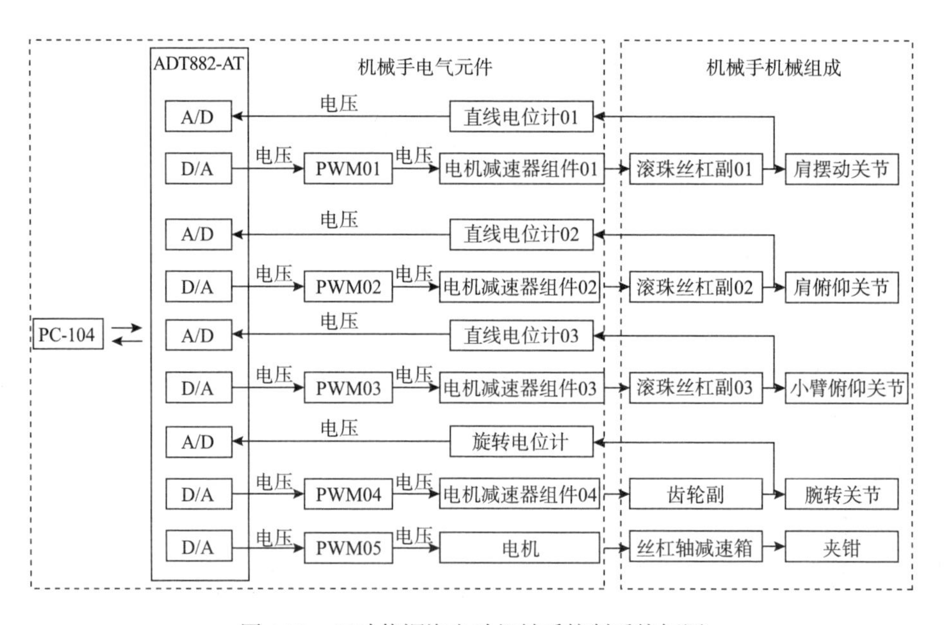

图4.33 五功能深海电动机械手控制系统框图

4.4.4 机械手综合实验

1. 机械手样机实物

五功能深海电动机械手主要由两个模块组合而成，即电动直线缸模块和腕转夹钳模块，如图4.34和图4.35所示，机械手整体结构如图4.36所示。

图 4.34　电动直线缸模块

图 4.35　腕转夹钳模块

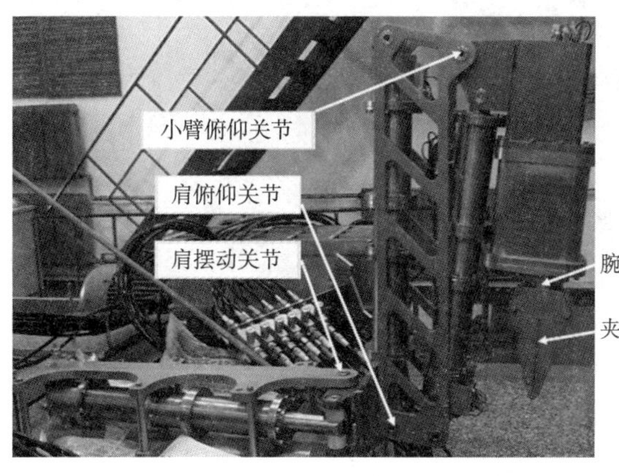

图 4.36　机械手整体结构

2. 机械手整体运动实验

机械手的作业空间是机械手整体运动的一个重要性能指标。五功能深海电动机械手的肩摆动关节、肩俯仰关节和小臂俯仰关节决定了机械手末端执行器的运动空间，对这三个关节进行运动控制实验，如图 4.37、图 4.38 所示，这三个关节均能实现 120°范围的摆动。由图 4.37 可知，肩摆动关节能够实现–60°～60°范围的摆动，由图 4.38 可知，肩俯仰关节能够实现–30°～90°的范围的摆动，小臂俯仰关节能够实现-90°～30°范围的摆动。

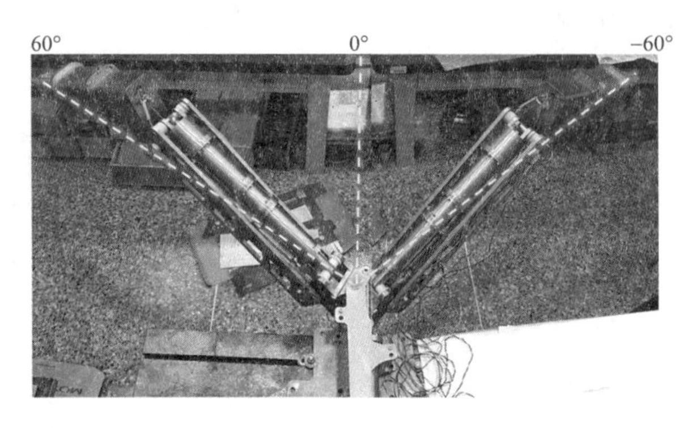

图 4.37　肩摆动关节运动范围

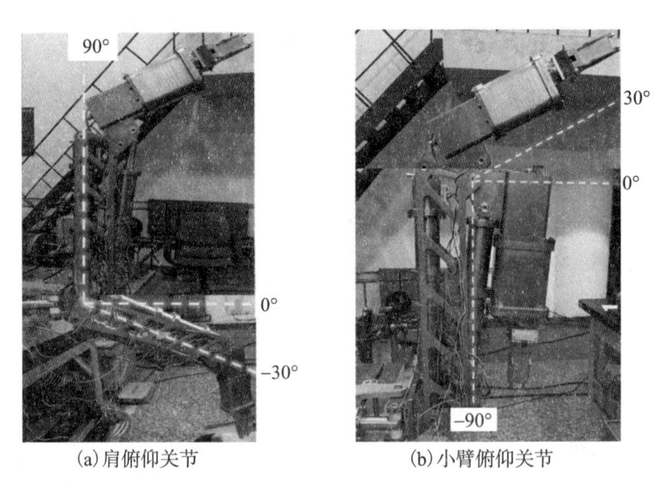

(a) 肩俯仰关节　　(b) 小臂俯仰关节

图 4.38　肩和小臂俯仰关节运动范围

3. 机械手负载测试实验

负载能力是机械手的一个重要指标，五功能深海电动机械手主要采用电动直线缸进行驱动，相比关节直接驱动式的电动机械手有更高的负载能力。图 4.39 是一款四功能关节直接驱动式电动机械手，表 4.8 将两款电动机械手做了对比。对比发现要在相同臂展下达到同样的负载，在选取相同电机条件下，关节直接驱动式电动机械手所需的减速器减速比很大，如此大减速比的减速器很难应用到机械手上。如果选用相同的减速器，则需要功率很大的电机，如此大功率电机也难以应用到结构要求比较紧凑的机械手上。因此，电动直线缸驱动式的电动机械手在提高负载能力上有一定的优势[15]。

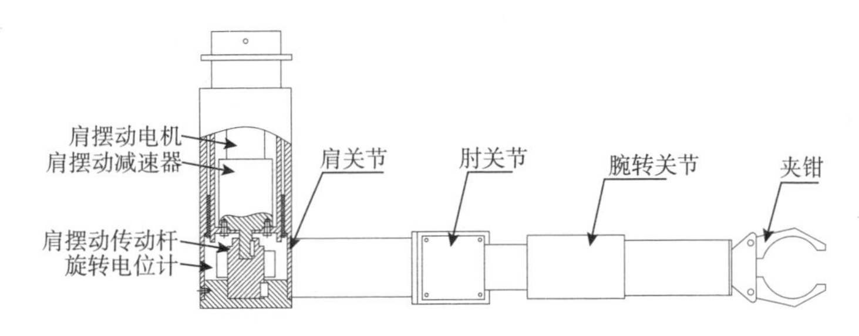

图 4.39　关节直接驱动式电动机械手

表 4.8　电动直线缸驱动式与关节直接驱动式电动机械手驱动部件参数对比

类别	负载/kg	最大转矩/(N·m)	减速箱输出转矩/(N·m)	减速箱减速比	电机输出转矩/(N·m)
关节直接驱动	25	35.8	5.461	43∶1	127
电动直线缸驱动	25	35.8	351.2	2765∶1	127

针对五功能深海电动机械手的实物模型进行负载能力测试实验，如图 4.40 所示。机械手在全伸长状态下能够抓起 25.6kg 的物体，能够满足中小型潜水器的作业需求。

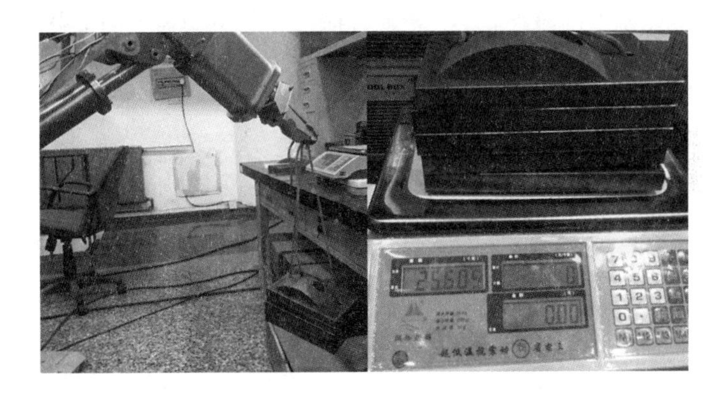

图 4.40　五功能深海电动机械手负载能力测试

4.5　全海深七功能主从伺服电动机械手系统

在五功能深海电动机械手研究基础上，中国科学院沈阳自动化研究所“十三五”期间开始研制全海深七功能主从伺服电动机械手系统(以下简称“七功能深海电动机械手”)，应用于深海自主遥控水下机器人(autonomous and remotely operated vehicle，ARV)，扩展其作业功能。

4.5.1 技术参数

七功能深海电动机械手技术参数如表 4.9 所示。

表 4.9 七功能深海电动机械手技术参数

项目	技术参数
最大设计作业深度	11000m
额定电压	48VDC
从手空气中重量	55kg
从手最大伸长范围	1.6m
从手全范围最大持重	25kg

4.5.2 系统组成

七功能深海电动机械手系统如图 4.41 所示，包括水面控制盒(含水面控制器和主手)、水下控制电子舱、从手。水面控制盒及其电源为水面部分，水下控制电子舱、从手为水下部分。

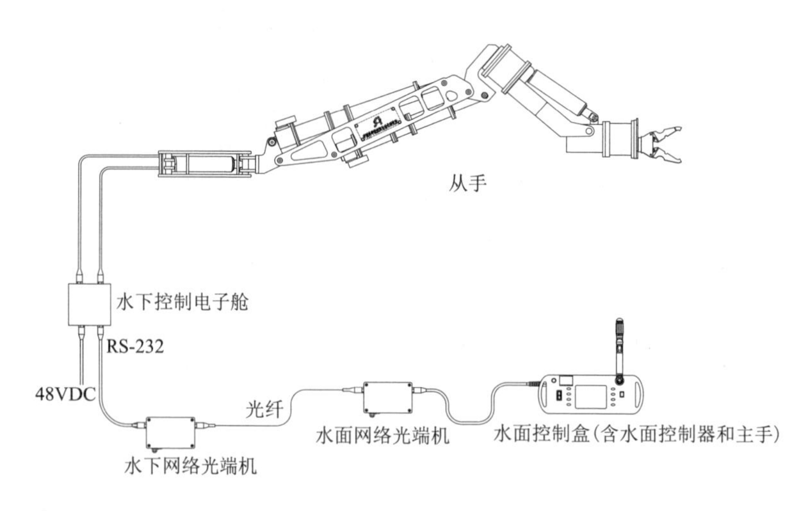

图 4.41 七功能深海电动机械手系统组成图

实际运行中，水面部分与水下部分只有通信连接，水面部分向水下部分发送主手位置信息及操作模式信息，水下部分向水面部分发送从手位置及水下电子舱内部相关信息。

4.5.3 操作主手及水面控制盒

操作主手及水面控制盒继承了七功能深海液压机械手系统相关硬件，主手由6自由度关节及末端接触触发开关组成，其自由度设置与从手6自由度运动对应，传感器核心部件与主手本体进行一体化设计。水面控制盒包括箱体、面板、功能按键、操纵杆、显示屏、微型控制计算机等。控制面板上有总电源开关、功能按键、夹钳控制摇杆等。

4.5.4 从手

从手为七功能深海电动机械手系统的作业执行机构，除了完成相应的动作、保证足够的强度和刚度外，还需考虑其安装、调试、检测及维护、维修的便捷性。

从手采用电动直线缸、电动摆动缸和腕转夹钳三种模块进行驱动，整个机械手具有6个自由度和1个夹钳功能，其中肩摆动、肩俯仰、小臂俯仰、腕俯仰采用电动直线缸进行驱动，小臂旋转采用电动摆动缸驱动，腕转和夹钳一体化集成设计组成腕转夹钳模块，输出360°连续腕转运动和夹钳运动。关节运动功能及执行器类型见表4.10。

表4.10 七功能深海电动机械手系统从手关节运动功能及执行器类型

编号	关节	执行器类型	摆动范围	可实现动作
1	肩摆动	电动直线缸	−30°～90°	左摆/右摆
2	肩俯仰	电动直线缸	−30°～90°	上摆/下摆
3	小臂俯仰	电动直线缸	−90°～30°	上摆/下摆
4	小臂旋转	电动摆动缸（电机+齿轮）	−90°～90°	顺转/逆转
5	腕俯仰	电动直线缸	−90°～30°	上摆/下摆
6	腕转	电机+减速箱+齿轮副	360°连续	顺转/逆转
7	夹钳	电机+丝杠轴减速箱	0～140mm	张开/闭合

除夹钳外，七功能深海电动机械手从手电动直线缸、电动摆动缸及腕转均通过电位计进行位置检测。从手最大伸长及收回状态见图4.42。

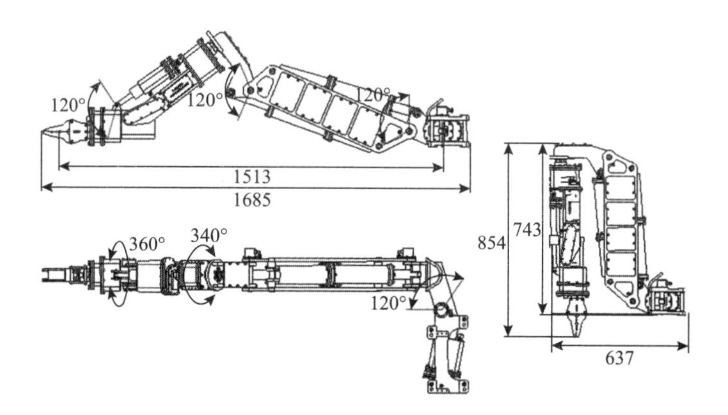

图 4.42　七功能深海电动机械手系统从手最大伸长及收回状态图(单位：mm)

4.5.5　主从伺服控制系统

七功能深海电动机械手控制系统是一个实时控制系统，它以 ARM 和数字信号处理器(digital signal processor，DSP)为控制核心，可以实现对水下机械手的实时控制。控制系统总体结构如图 4.43 示。

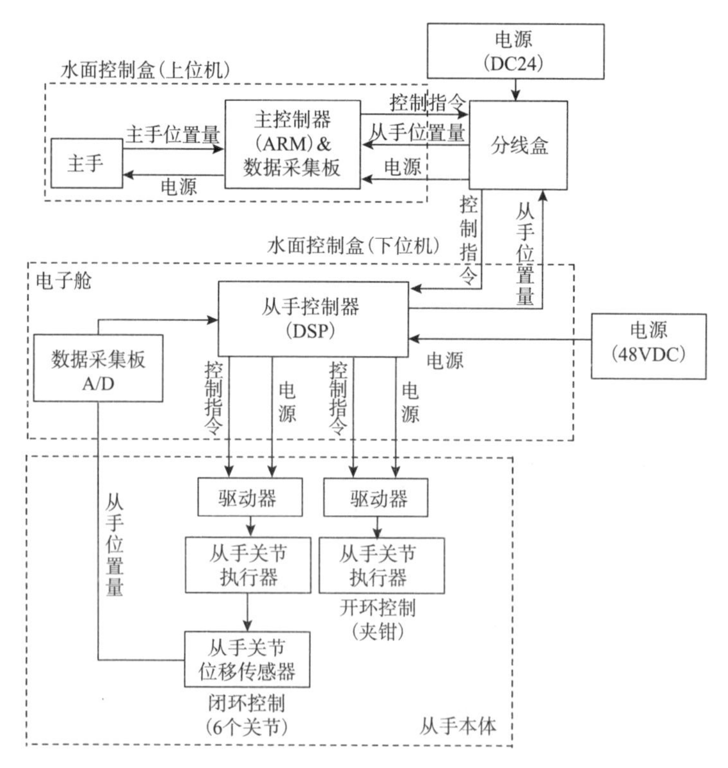

图 4.43　七功能深海电动机械手控制系统总体结构

1. 机械手系统硬件组成

水面控制盒内 ARM 板和扩展板组成了控制系统的上位机，负责信号的集中转发处理、系统运作的调度和管理及机械手实时状态信息监控。

下位机运算核心为 DSP，负责电动机械手运动控制、机械手实时状态信息处理，并可为搭载机械手的潜水器提供作业系统工作状态。下位机主要用来接收上位机指令，监控从手状态，向驱动器发送指令，从而实现对从手本体 1～6 关节实现闭环控制以及对末端执行器(夹钳)实现开环控制的功能。

系统上下位机相互通信，从手控制系统可承受水下 11000m 深度的海水压力，控制系统硬件组成如图 4.44 所示。

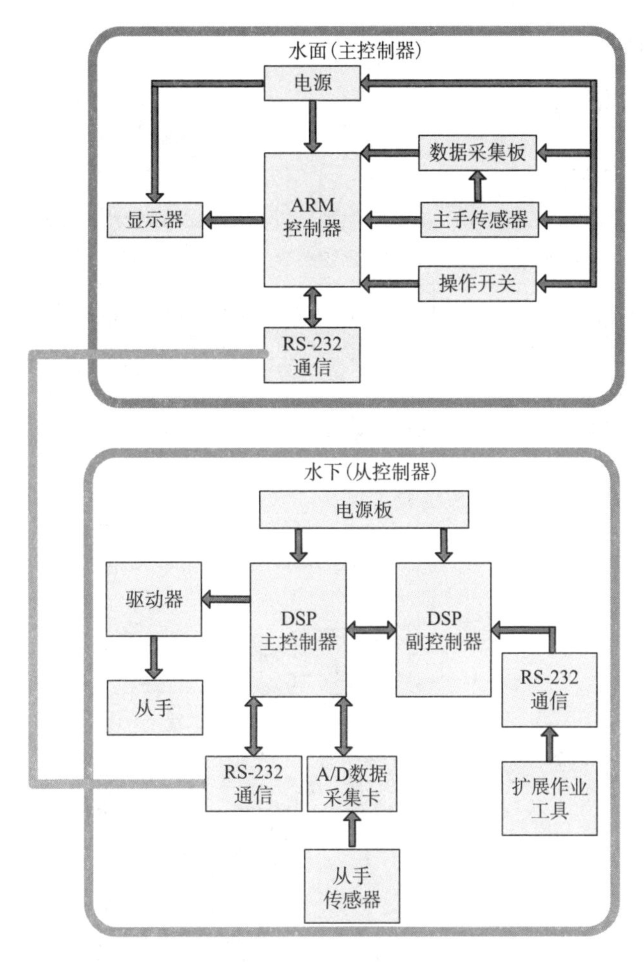

图 4.44　七功能深海电动机械手系统硬件组成图

2. 机械手系统软件

七功能深海电动机械手控制系统根据主从关系，可划分为主手控制系统和从手控制系统。主手控制系统软件以多界面的形式向操作者提供一个友好的人机交互环境，其功能主要是完成主手姿态信息、命令以及配置参数信息的采集，并通过串口传递给从手控制器，同时接收来自串口反馈的从手姿态、位置设定、参数与故障等信息，并在人机界面上显示，供操作者查看。从手控制系统软件的功能则主要是完成从手的主从运动控制、关节位置信息采集、参数设置、故障诊断等。软件的功能体系结构如图 4.45 所示。

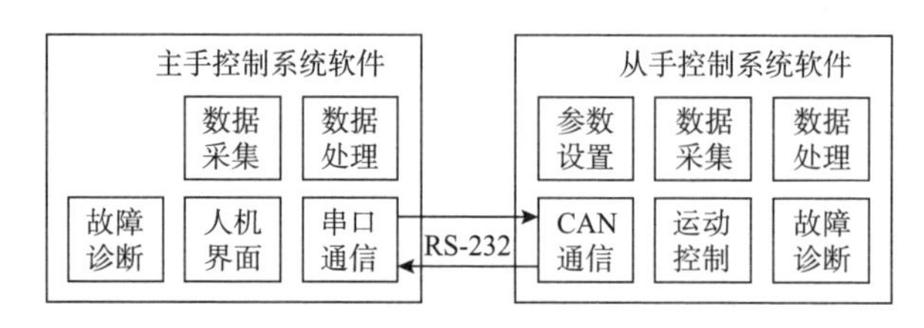

图 4.45　主从手控制软件功能体系结构

CAN：controller area network，控制器局域网

操作者主要通过主手控制器的 LCD 人机界面、面板按键以及主手完成从手的参数配置及运动操作。

4.5.6　七功能深海电动机械手试验及应用

1. 七功能深海电动机械手实物

七功能深海电动机械手实物如图 4.46 所示，水面控制盒如图 4.47 所示。

图 4.46　七功能深海电动机械手系统实物图

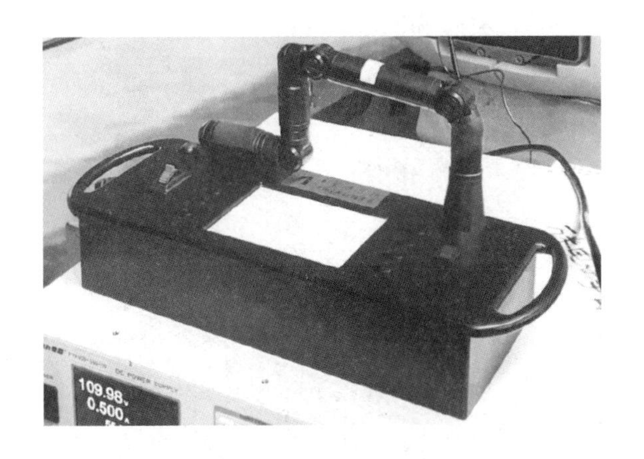

图 4.47　七功能深海电动机械手系统水面控制盒

2. 压力试验

为了验证机械手系统在 11000m 工作深度的设计指标，将七功能深海电动机械手系统水下部分置于压力筒中，测试各项功能是否满足 11000m 深度设计指标，试验框架上搭载了辅助照明灯及摄像机等辅助设备。图 4.48 为机械手系统整机试验装罐吊放图，压力试验过程在线测试如图 4.49 所示，11000m 整机在线压力试验表明机械手系统满足设计指标。

图 4.48　机械手系统整机试验装罐吊放

图 4.49　机械手系统整机 11000m 在线压力试验

3. 湖上试验

2019 年 5 月，七功能深海电动机械手开展湖试(图 4.50)，对机械手负载能力等各项技术指标和功能指标进行了测试(图 4.51)。

图 4.50　七功能深海电动机械手臂展和负载指标测试

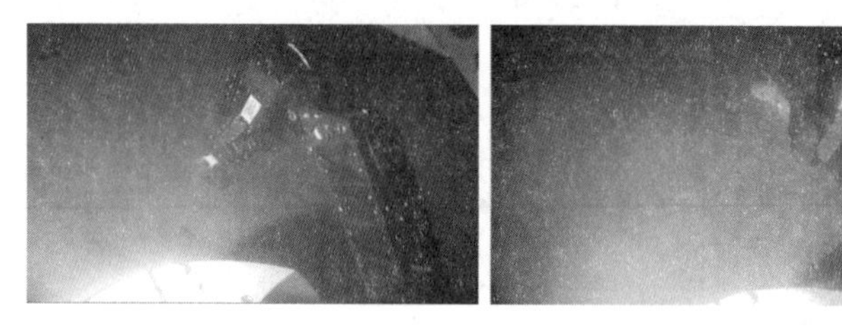

图 4.51　七功能深海电动机械手湖底抓取泥样和采集岩石

4. 海上试验

2020 年 5 月至 6 月，历经 40 余天，七功能深海电动机械手成功完成了首次万米海试与试验性应用任务。在本航次中，机械手开展了万米海底样品抓取、沉积物取样、标志物布放、水样采集等万米深渊坐底作业，最大作业深度 10907m(图 4.52)。该套电动机械手具备中等负载能力，可搭载于中小型 ROV 上进行作业。

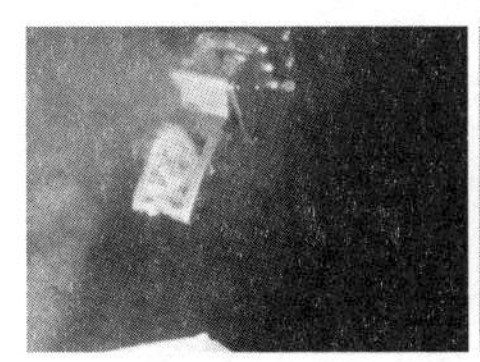
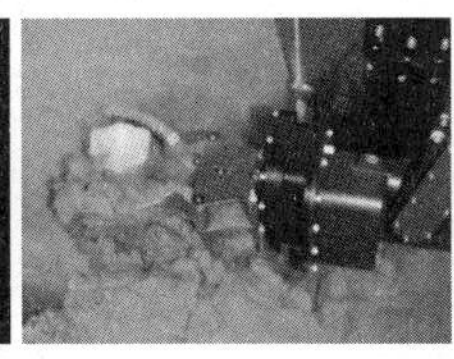

图 4.52 机械手万米海底岩石抓取、泥样采集及标志物布放

4.6 水下专用作业工具

目前水下专用作业工具按照应用需求可以分为三大类：面向石油平台的、面向水下打捞的和面向深海科考的。石油平台是 ROV 应用最常见的场景，经过多年发展，已经相当成熟，其用到的专用工具也比较标准。ROV 在深海救援打捞等方面具有较为明显的优势，人们也会针对性地开发一些救援工具。海洋科考目前多以研究单位的实际需求进行定制与研发，常见的工具包括生物采样箱、沉积物取样器、回转生物吸样器等。

4.6.1 面向石油平台的专用作业工具

在石油平台作业中，ROV 利用机械手可完成较为通用和直接的操作，专用工具一般针对特种操作，可由机械手辅助操作部分功能，有的专用工具也可以独立工作，下面介绍几种典型的石油平台 ROV 专用作业工具。

1. 扭矩工具

扭矩工具又称扭矩扳手或扭力工具，是一种 ROV 外接工具，主要用于开关水下球阀等，一般由液压马达、行星齿轮箱、预加载弹簧等进行多级嵌套组成，可以提供扭矩反馈、转数、扭矩范围检测和可视化显示等功能。由于采用弹簧的预紧方式，在未知的电源故障情况下，可以安全地使力矩工具从工作场所断开。

2. 高压油接插件

高压油接插件被用于连接不同液压管路，为液压马达、液压元器件等设备提供驱动油的衔接。根据不同的作业需求，接插件具有不同标准尺寸、规格与压差的型号。这种接插件一般在末端具有一个 T 形把手，便于机械手进行操作。

3. 清洗刷

清洗刷一般为旋转的圆盘钢刷，依靠机械手的推力使圆盘钢刷靠紧被清洗构件(水下结构物或管道)的表面，在短时间内快速清洗出较大表面区域。其工作原理为：用液压马达或电机驱动刷子旋转，通过刷盘上的钢丝除掉清洗面上的各种附着物。

4. 研磨机

水下液压研磨机主要用于水下结构物顶端、表面与侧面的磨削与切割工作，它也可以安装旋转钢丝刷、各种磨料和抛光盘等。

5. 金刚石线锯

金刚石线锯用于切割水下阻挡潜水员或 ROV 前进的管道。由于配备了强大驱动压力与流量的液压源，它可以切割不同外径的油管。通常由于其工作在远程操作模式，水下的液压源往往无法满足其工作需求，需要配备地面的液压站为其提供动力。根据不同的型号及应用场合，金刚石线锯的切割直径可达 150～1500mm。

6. 密封圈工具

密封圈工具用于安装与拆卸深海油井井口密封圈。工作时将其对准并放置在井口上。通过液压动力将工具挤压到垫圈的内壁。当发生液压故障时，底部的弹簧与小型微调工具可以防止工具被破坏。

7. 漏气检测装置

最常见的石油管道漏气检测装置是通过一个透明的测量管来探查气体泄漏情况的，通过气体采样瓶将采集的气体封存并带到水面，检测装置通过液压驱动与机械手辅助完成检测工作。

4.6.2 水下打捞专用作业工具

救助打捞工具专业性强，具有在复杂海况和大深度条件下工作可靠的特点。

1. 液压剪切器

液压剪切器常用于水下钢丝绳、电缆等各种缆线的剪切工作，其一种典型结构由直线缸体、活塞、缸盖、动刀、定刀及定刀夹板等组成，由直线缸驱动动刀运动和定刀剪切来完成工作。ROV 携带的液压剪切器一般可安装在机械手上以实现其姿态的调整(图 4.53)。

图 4.53　一种深海液压剪切器实物图

2. 缆绳释放器

缆绳释放器是一种无动力水下打捞工具，可用于打捞带有起吊环的水下沉积物。缆绳释放器的工作原理是采用内抽头式放缆，实现了缆绳无动力驱动且无机械零件动作的由里层到外层的释放。图 4.54 是中国科学院沈阳自动化研究所研制的缆绳释放器，缆绳长度可根据需求设计，一般为 300～500m。

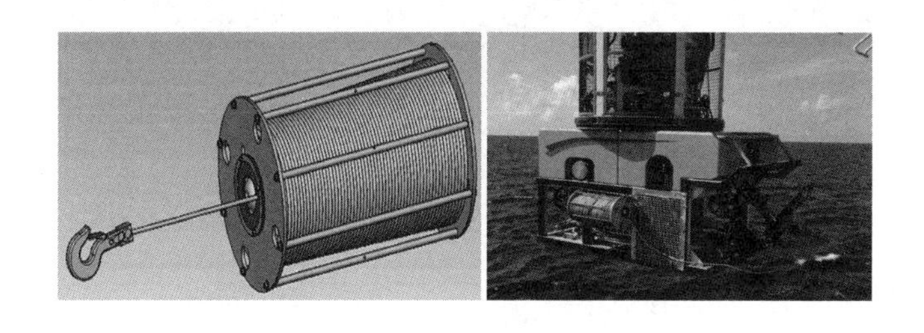

图 4.54　缆绳释放器外形示意图及搭载于 ROV 作业图

3. 夹持器

夹持器是水下打捞作业中一个常用工具，一般由 ROV 液压动力驱动，具有一个强有力的爪式夹持机构，根据自身的机械特性可以实现自锁。图 4.55 为一个典型的夹持器。

图 4.55　中国科学院沈阳自动化研究所研制的夹持器

4. 高压冲洗枪

高压冲洗枪用于清洗水下结构物表面的沉积物与附着的生物，以便完成表面清理、阴极保护与检测等任务。图 4.56 所示为中国科学院沈阳自动化研究所研制的海水冲洗枪，喷嘴出口处可喷出高压海水。

图 4.56　中国科学院沈阳自动化研究所研制的海水冲洗枪

4.6.3　深海科考专用作业工具

为了满足深海科考多样化的任务需求，深海科考型 ROV 通常需要搭载多种科考专用工具，如生物采样箱、沉积物取样器、回转生物吸样器、采水瓶等，部分工具通常安装在 ROV 可伸缩的科考采样托架上。下面结合中国科学院沈阳自动化研究所研制的“海星 6000”ROV 对深海科考作业工具进行介绍。如图 4.57 所示，采样托架框架采用铝合金型材焊接而成，托架底面上设置有采样托盘，托盘上可放置生物采样箱和沉积物取样器阵列，通过伸缩油缸可将托盘沿轨道推出和收回，与 ROV 前方机械手配合完成采样工作。

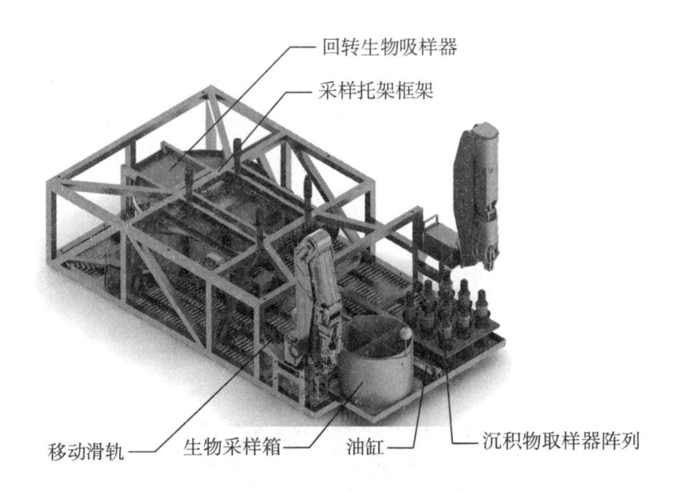

图 4.57　ROV 采样托架布置示意图

1. 生物采样箱

生物采样箱(图 4.58)主要用来存放科考作业过程中获得的海底生物样品。内部可通过隔板等分成不同大小的储藏空间，顶部盖板上系有抓取绳索，绳索由浮力球拉直，方便机械手抓取后执行翻盖操作。

图 4.58　生物采样箱

2. 沉积物取样器

沉积物取样器主要用来获取海底沉积物样品。如图 4.59 所示，沉积物取样器阵列呈 3×3 排列布置，共可进行 9 次沉积物取样。ROV 科考作业过程中，操作人员操作机械手抓取沉积物取样器插入海底，等沉积物进入取样器内后，再操作机械手将沉积物取样器放回圆柱筒内。

图 4.59 沉积物取样器阵列

3. 回转生物吸样器

回转生物吸样器主要通过管道吸取小型海底生物完成取样。ROV 上安装有液压驱动的海水泵，海水泵抽出回转生物吸样器储物筒(图 4.60)内的水，储物筒进口连接海底生物取样管，机械手操作取样管开口直对取样生物，使生物进入储物筒内。

回转生物吸样器上可配置多个储物筒，储物筒可绕中心轴在电机驱动下依次转动，当在一个储物筒内完成生物存储后，可控制电机转动，更换下一个储物筒进行存储。

图 4.60 回转生物吸样器储物筒

4. 采水瓶

采水瓶是一种深海科考的通用工具。ROV 搭载采水瓶需要设计采水瓶关闭的触发机构，以在合适的深度和区域进行海水采样。图 4.61 为“海星 6000”ROV 设计的采水瓶固定框架及触发机构，通过直线缸驱动拉杆运动实现采水瓶端盖拉绳的释放，即采水瓶的封盖。

图 4.61 ROV 上的采水瓶固定框架及触发机构

4.7 本章小结

机械手是作业型 ROV 的核心作业工具。液压机械手是当前普遍用在 ROV 上的作业工具，可以借助 ROV 的液压系统便捷可靠地工作，具有负载能力强、响应快的特点。电动机械手负载能力较液压机械手弱，在作业型 ROV 上很少用。但深海电动机械手极具潜力，特别是在中小型 ROV 上，因其相对独立，搭载比较方便，不像液压机械手那样依赖于潜水器上的液压系统，并且具有较高的控制精度，在深海自主作业方面有较大潜力。

随着搭载的专用作业工具种类的丰富和功能的增强，ROV 可以更高效地完成水下特种工作，因此在深海作业中，ROV 体现了更强的经济优越性。随着 ROV 作业内容的规范化，相应的配套工具也在不断规范。

参考文献

[1] 晏勇，马培荪，王道炎，等. 深海 ROV 及其作业系统综述[J]. 机器人, 2005(1): 82-89.

[2] 孙斌，张艾群. 液压系统在水下机器人的应用[C]//中国航海学会救助打捞专业委员会救捞专业委员会 2004 年

学术交流会，上海, 2004: 204-206.

[3] Satja S, Joseph C, Edin O, et al. Underwater manipulators: A review[J]. Ocean Engineering, 2018, 163:431-450.

[4] Zhang Q F, Chen J, Huo L Q, et al. 7000m pressure experiment of a deep-sea hydraulic manipulator system[C]// IEEE, Piscataway, NJ, USA, 2014: 1-5.

[5] 罗高生. 深海七功能主从液压机械手及其非线性鲁棒控制方法研究[D]. 杭州: 浙江大学, 2013.

[6] 驰骋在大洋深处的骏马——探秘“海马”号深海遥控水下机器人[EB/OL].(2019-07-15)[2019-10-14]. http://www.zgkyb.com/dzdc/20190715_58153.htm.

[7] 刘兵. 水下作业机械手液压系统及机械手控制技术研究[D]. 哈尔滨: 哈尔滨工程大学, 2015.

[8] 刘通. 模拟深海环境下液压作业机械手控制系统研究与实现[D]. 武汉: 华中科技大学, 2015.

[9] Marani G, Choi S K, Yuh J. Underwater autonomous manipulation for intervention missions AUVs[J]. Ocean Engineering, 2009, 36(1): 15-23.

[10] Electric arms solutions [EB/OL]. (2019-10-14)[2019-10-14]. https://www.ecagroup.com/en/find-your-eca-solutions/electric-arms.

[11] EMA-Electrical manipulator arm[EB/OL]. (2020-07-01)[2020-07-01]. https://www.tmi-orion.com/cn/robotics/underwater-robotics/ema-electrical-manipulator-arm.htm.

[12] Ribas D, Ridao P, Turetta A, et al. I-AUV mechatronics integration for the TRIDENT FP7 project[J]. IEEE/ASME Transactions on Mechatronics, 2015, 20(5): 2583-2592.

[13] 张奇峰, 唐元贵, 李强, 等. 水下机器人-机械手系统构建与研究[J]. 海洋技术, 2007(1): 10-15.

[14] 林江，张竺英. 基于关节限位的自治水下机器人机械手系统运动规划研究[J]. 机械设计与制造，2009(2): 183-185.

[15] 张奇峰，范云龙，张竺英. 深海 5 功能水下电动机械手设计及误差分析[J]. 机械设计与制造，2015(4): 140-143.

[16] Xiao Z H, Xu G H, Peng F Y, et al. Development of a deep ocean electric autonomous manipulator[J]. China Ocean Engineering, 2011, 25(1): 159-168.

[17] 杨超，张铭钧，秦洪德，等. 水下机器人-机械手姿态调节系统研究[J]. 哈尔滨工程大学学报，2018，39(2): 377-383.

[18] 我国首套 6000m 级遥控潜水器(ROV)圆满完成首次深海试验，创造我国 ROV 下潜最深纪录[EB/OL].(2017-09-30)[2019-10-14]. http://www.sia.cn/xwzx/kydt/201709/t20170930_4867474.html.

[19] 张文静. 水下考古“潜”向深海：中国深海考古零突破[EB/OL].(2018-05-11)[2019-10-14].http://news.sciencenet.cn/htmlnews/2018/5/411918.shtm?id=411918.

5

1000m 遥控水下机器人案例

5.1 “海星 1000”ROV 系统概述

“海星 1000”ROV 系统是我国自主研发的 1000m 级作业型 ROV 装备(图 5.1)，采用液压驱动方式，主要用于深海打捞作业，系统组成包括控制系统、水面收放系统、中继器系统及 ROV 载体等，是当前有中继器模式的 ROV 装备中较为齐全的配置模式。

图 5.1 “海星 1000”ROV

其主要用途为：①对水下作业环境进行搜索和调查，了解深海地形、地貌、底质、海流以及作业目标情况，确定作业方案；②对水下沉积物周围开展障碍物清理工作，为打捞作业创造安全高效的作业环境；③作为执行平台，以作业工具系统为执行作业任务的手段，完成水下沉积物的打捞作业。

“海星 1000”ROV 的主要功能和技术参数如表 5.1 和表 5.2 所示。

表 5.1 “海星 1000”ROV 主要功能

功能	内容
运动功能	前进、后退、左移、右移、左转、右转、上浮和下潜运动 自动定深、自动定高、自动定向
搜索功能	搜索远距离水下目标 导航接近远距离水下目标
观察功能	观察近距离水下目标
监控记录功能	系统工作状态显示 故障诊断显示 视频图像显示与记录 声像声呐图像显示与记录

表 5.2 “海星 1000”ROV 主要技术参数

技术参数		内容
作业环境和条件	最大作业海况	4 级
	最大作业水深	1000m
	最大作业半径	200m
	最大作业流速	2kn
中继器系统	结构形式	上帽式
	中性系缆长度	200m
水下载体及作业工具	有效载荷	200kg
	载体功率	100hp
	最大前进速度	3kn
	最大侧移速度	1.5kn

5.2 “海星 1000”ROV 系统组成

“海星 1000”ROV 主要包括：水下载体及作业工具系统、中继器系统、收放系统、控制系统和动力分配系统。其系统组成如图 5.2 所示。

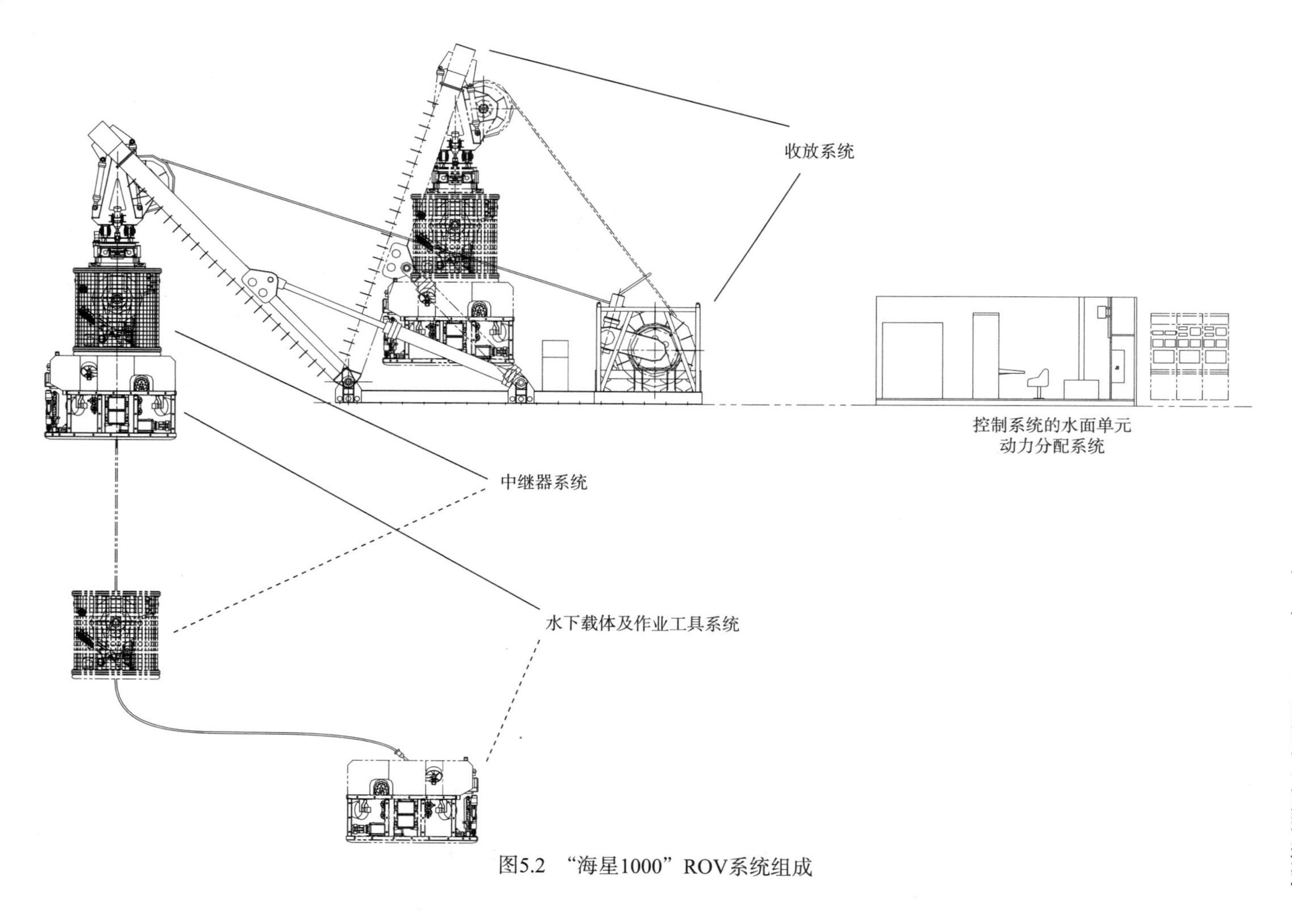

图5.2 “海星1000”ROV系统组成

水下载体及作业工具系统是“海星 1000”ROV 的核心，水下载体是完成水下各种作业任务的执行平台，作业工具系统是完成水下各种作业任务的手段。“海星 1000”ROV 能够在 4 级海况以下、水深 1000m 以内、海流速度 2kn 以下的条件下，完成观察、监视、搜索、定位及各种作业任务。

中继器系统又称为系缆管理系统，是“海星 1000”ROV 载体进行作业的中继站，用于收放中性系缆，同时在起吊的过程中承载 ROV 载体的全部载荷。中继器的配置，能够使“海星 1000”ROV 系统快速下潜到预定的作业深度，提高作业效率，并能够有效减小母船升沉运动对 ROV 作业的影响。

“海星 1000”ROV 水下载体与水上设备的连接是通过中性系缆(简称系缆)连接到中继器，再通过主脐带缆连接到水上设备完成的。主脐带缆和系缆向中继器和载体传送动力电源、控制信息，并由载体和中继器向控制台返回所需的反馈信息。同时主脐带缆能够承受足够的拉力，对中继器和水下载体进行收放和牵引。

收放系统用于将“海星 1000”ROV 水下载体由母船甲板施放到水中作业深度，同时还承担着水面到 ROV 水下载体的动力和信息传输。为保证“海星 1000”ROV 的正常作业，需要收放系统安全、可靠、迅速地完成布放和回收任务。

控制系统是“海星 1000”ROV 的操纵控制核心，它主要通过操作面板完成对中继器的控制、ROV 水下载体的控制和信息采集，并将采集到的信息在人机界面中显示出来，便于操作手进行操作。按照物理位置划分，控制系统总体上分为水面单元、中继器单元、载体单元三部分。控制间为“海星 1000”ROV 系统的总控制中心，内部装有全部的监控、通信、动力设备等，包括“海星 1000”ROV 水下载体与中继器的水面控制台和动力分配单元。操作人员可在控制间内完成水下载体和中继器的操作工作。

动力分配单元是“海星 1000”ROV 的动力分配中心，水下载体及作业工具系统、中继系统、收放系统、控制系统的配电均要通过动力分配单元来完成。

5.2.1 “海星 1000”ROV 水下载体及作业工具

水下载体及作业工具是“海星 1000”ROV 的核心，可完成多种水下作业任务；在水面支持母船、收放系统、中继器和控制设备的配合下，通过主脐带缆为水下载体和作业工具提供动力、传输控制命令并反馈水下信息；利用水下载体本身装备的推进器实现水下三维空间运动，通过其所携带的摄像机和声呐感知周围环境，监测作业工具的工作情况，并将信息传输给支持母船的控制设备。

1. 水下载体

水下载体(图 5.3)是进行各种水下作业任务的执行平台,不仅负责携带和搭载各种作业工具,也需要为作业工具提供动力。“海星 1000”ROV 下水后,可以利用自身的移动能力进行小范围的搜索和观察,可通过水下的精确定位,携带作业工具到达作业点进行作业。水下载体主要由结构框架、浮力材与压载、推进系统、液压动力系统、电子舱与接线盒等组成。

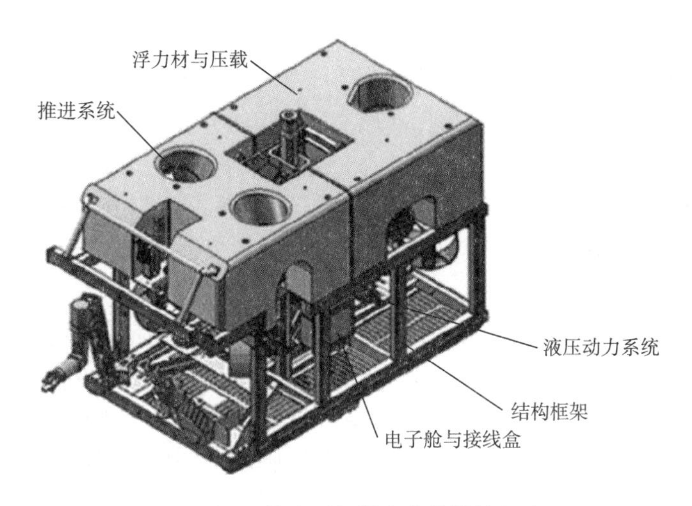

图 5.3　遥控水下机器人载体结构组成

1)结构框架

“海星 1000”ROV 采用开放式框架结构,框架周围装有防撞尼龙块,可减小撞击对结构框架的损坏。框架的主体采用铝合金型材焊接而成,水下载体的其他部件均安装固定在结构框架上。

2)浮力材与压载

根据“海星 1000”ROV 在水下作业的要求,在水中运动和作业时水下载体应处于基本中性、略有正浮力的状态。这样的配置能够使“海星 1000”ROV 载体在水下环境中运动灵活且减少不必要的功率损失,并且能够保证在动力失效时返回到水面上,提高系统的安全性。

“海星 1000”ROV 水下载体的主要部件均为金属材料制造,因此需要采用耐压的浮力材为载体提供相应的浮力。浮力材的布置采用顶置方式,使 ROV 水下载体具有较大的稳心高。在 ROV 水下载体保持有限正浮力前提下,通过压载的配置使 ROV 水下载体达到预定的总体比重,使其在水中处于平衡状态。压载为形状大小不同的铅块,安装在底架的机械手支板和铅块托板上,同时压载可以与其他设备或作业工具交换,使 ROV 水下载体具有不同的配置,以具有相应的各种功能。压载的配置与数量决定了 ROV 的有效负载能力和平衡调整能力，使“海星 1000”ROV 在不同的作业工具配置下保持水平姿态。

3）推进系统

推进系统为“海星 1000”ROV 水下载体的前进后退、左右侧移、水平转向、下潜上浮等运动提供动力。“海星 1000”ROV 的推进器由载体的液压系统为其提供动力，是采用液压马达驱动的螺旋桨推进器，载体在水中的姿态可通过推进器进行控制和调整。通过水面控制台的操作控制，可以分别控制螺旋桨的转动方向和转动速度，产生 ROV 水下载体运动所需要的推力。

4）液压动力系统

“海星 1000”ROV 采用液压驱动方式，液压动力系统一方面为“海星 1000”ROV 水下载体提供全部运动所需的动力，也为其他作业工具的动作提供动力，包括水下液压机械手、作业工具、云台等。液压动力系统主要由水下电机、液压泵、滤油器、推进器控制阀箱、工具阀箱、压力补偿器等构成。

5）电子舱与接线盒（水下单元）

“海星 1000”ROV 的电子舱为干式耐压密封舱体，额定工作水深为 1000m。电子舱中所有的动力与控制线通过端盖上的水密接插件与水下接线盒、液压控制阀箱等外部设备相连。接线盒为一个内部充油的密封箱体，采用压力补偿器为接线盒的内部提供补偿压力，使其始终略高于周围海水环境的压力。接线盒内部设置有各种接线端子，将高压动力线连接分配到水下液压动力系统，将通信和控制线分配到控制舱和其他水下设备。

2. 作业工具

作业工具是“海星 1000”ROV 的主要组成部分，用于完成水下各种作业功能。根据所需要完成的作业使命的不同，“海星 1000”ROV 可分别配置不同的工具进行作业，或同时配置多种工具进行协调作业。

作业系统可分为通用作业工具和专用作业工具两类。通用作业工具是“海星 1000”ROV 常规配置的作业工具，可以在多种作业任务中完成各种功能，而专用作业工具通常只能完成某种特定的作业功能，因此只是在需要时才配置在“海星 1000”ROV 上。通用作业工具主要包括五功能水下液压机械手、七功能水下液压机械手；专用作业工具包括液压剪切器、冲洗枪、夹持器和缆绳释放器等，分别用于水下缠绕物剪切、作业处淤泥冲洗、打捞物夹持以及打捞物牵引打捞等。

5.2.2 “海星 1000”ROV 中继器系统

中继器通过系缆与“海星 1000”ROV 水下载体连接，在水下作业时控制中继器将系缆放出使 ROV 载体获得一定的水下活动范围。水下作业结束后，控制中继器将系缆完全收回，并将 ROV 载体对接锁紧至中继器上后，一起由收放系统将中继器和 ROV 载体回收至水面。中继器是水面与水下载体安全可靠地进行动力和信息传输的中继站。

相比不带中继器的 ROV 系统，带有中继器的“海星 1000”ROV 具有以下特点：

(1) 中继器能够使 ROV 载体在水下具有良好的机动性、运动平稳性和可操作控制性。

(2) 带有中继器的 ROV 系统能够通过收放系统快速、准确地将 ROV 下放到预定作业深度，能够提高 ROV 的作业效率。

(3) 中继器能够减弱母船升沉运动和主脐带缆受力对 ROV 载体水下运动和作业的干扰，提高抗流能力。

(4) 中继器由主脐带缆吊放，通过具有浮力的系缆连接中继器和水下载体，能够减小 ROV 载体推进所需要的功率。

“海星 1000”ROV 的中继器采用上帽式结构，即 ROV 水下载体在中继器的底部与之联锁。中继器呈开式框架结构，所有系缆收放系统、联锁装置、控制与动力系统等都位于框架结构中，如图 5.4 所示。“海星 1000”ROV 的中继器外形为圆柱形，周边设金属网板，由结构框架、系缆收放装置、联锁装置、液压系统和控制系统等组成。

图 5.4　中继器系统

中继器框架结构形式为一个圆柱形开式框架。主脐带缆末端与中继器框架顶部的吊耳连接后进入中继器。中继器框架内安装有系缆收放装置、主脐带缆接线盒、中继器控制舱、液压动力系统等，其下部安装的联锁装置可以与载体顶部的起吊点连接并锁紧。

系缆收放装置主要由系缆绞车、布缆装置、导向装置、牵引装置、导出装置五部分组成。系缆绞车是中继器实现其功能的主要部分，绞车容纳全部系缆，并完成收放系缆的任务。布缆装置通过安装在滑动座上的导引轮沿光杠做往复运动，将系缆从卷筒放出直接进入布缆装置的导引轮，经转向后进入导向装置。导向装置的作用是使系缆在中继器内由卷筒径向方向向系缆驱动装置牵引轮的径向方向过渡。牵引装置通过弹簧将系缆压在牵引轮上，在放缆过程中液压马达通过链条带动牵引轮转动主动放出系缆。导出装置通过一组导向轮将系缆导引至位于中继器下框架的导向筒内，系缆出导向筒后进入载体。

联锁装置可在“海星 1000”ROV 下水和回收过程中将水下载体与中继器锁紧，主要由液压缸、连杆机构、到位指示装置和支架组成。系缆的水下载体端设有加强结构，能够承受载体的重量与附加的载荷。当系缆完全收回时，联锁装置锁紧，将 ROV 水下载体与中继器牢固可靠地连接起来。

中继器的全部动作均采用液压驱动，包括绞车的转动、系缆的收放、锁紧运动等。中继器液压系统为联锁装置、布缆装置、牵引装置和系缆绞车提供动力，通过控制阀分别控制联锁装置、布缆装置、牵引装置和系缆绞车运转。

5.2.3 “海星 1000”ROV 控制系统

控制系统是“海星 1000”ROV 的操纵控制核心，主要通过水面端操作控制台完成对“海星 1000”ROV 水下载体和中继器的控制，并将 ROV 载体和中继器采集到的信息通过人机界面的形式显示出来，便于操作人员进行操作控制。控制系统主要由水面控制单元、中继器控制单元和水下载体控制单元构成(图 5.5)，由水面主控计算机完成整个系统的控制。水面控制单元主要包括控制柜、操作控制台和视频矩阵。操作人员通过操作控制台上的操控设备实现对中继器和 ROV 水下载体的遥控，通过视频矩阵实现水下视频、控制系统状态数据的显示。水下控制单元分为中继器控制单元和水下载体控制单元。

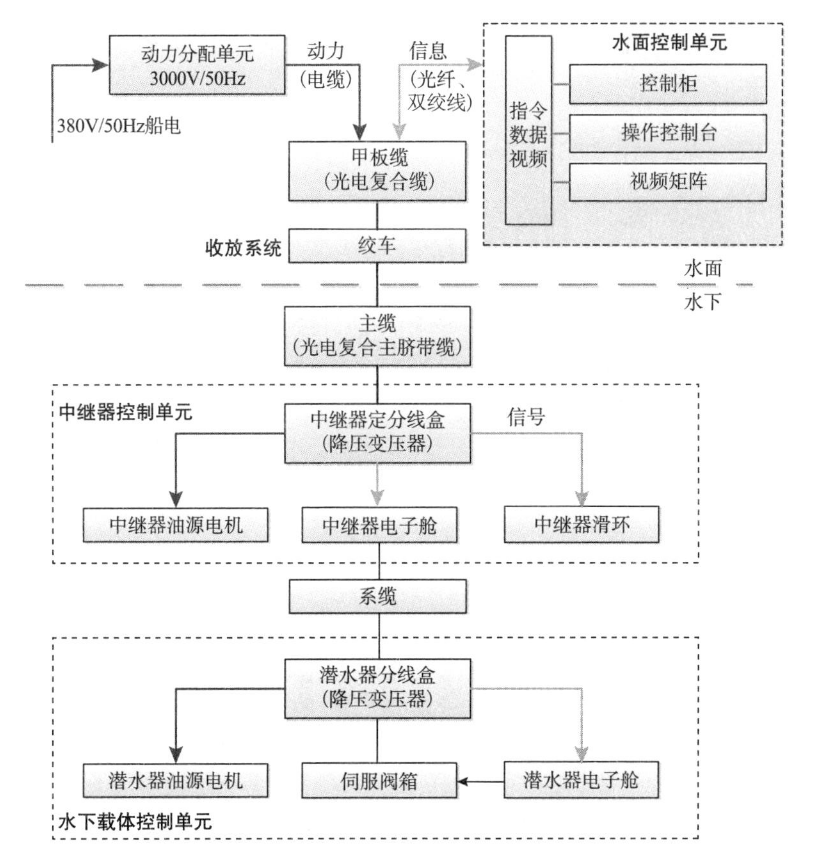

图 5.5　控制系统组成结构图(见书后彩图)

1. 水面控制单元

水面控制单元主要完成“海星 1000”ROV 中继器和水下载体的控制与操作以及传感器、视频图像的显示与记录等功能。水面控制单元通过水面控制柜和操作控制台将水面控制单元所用的设备安装固定起来，最终形成人机交互的平台。水面控制单元各设备均安装在控制舱内，见图 5.6。

控制柜是控制系统的主控制机柜，与“海星 1000”ROV 的中继器和水下载体连接通信，能够处理水下传输上来的视频及数据信息，并且将操作人员下发的指令传输给水下控制单元，实现对中继器和水下载体的控制。“海星 1000”ROV 的水面控制柜由三个控制单柜组成，柜体内部安装有控制、显示和通信等设备。柜体前面安装有一个主操作台，操作台上表面为控制面板。

“海星 1000”ROV 的中继器和载体的控制、视频显示等通过操作控制台上的控制面板来完成。依据功能的不同我们将控制面板分成不同的功能区，具体见图 5.7。控制面板上有各种功能的开关、按钮、指示灯和操作单杆等。控制面板分三个区域：水下中继器操作面板、水下载体操作面板和水下作业工具操作面板。

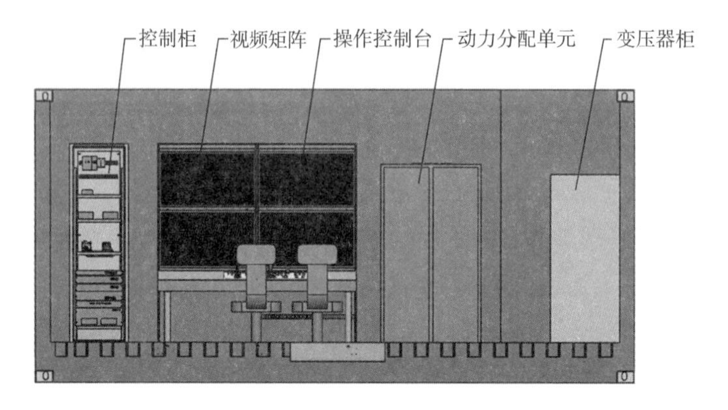

图 5.6　水面控制单元

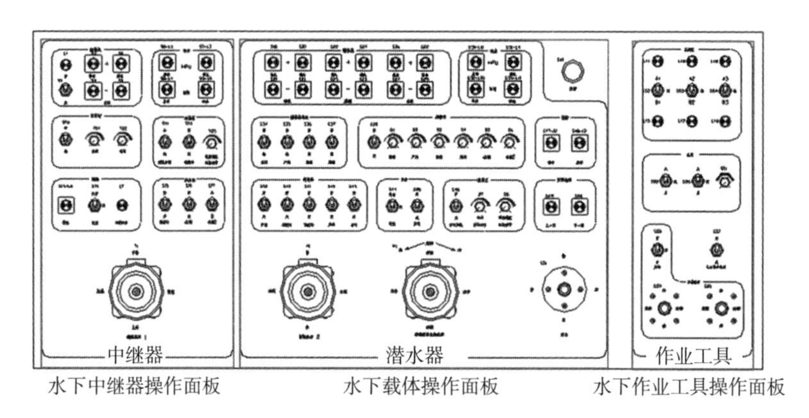

图 5.7　操作控制台控制面板

2. 中继器控制单元

中继器控制单元主要完成对绞车收放系缆的控制、收放缆长度的计量、各传感器信号的采集、水下灯亮度的调节、液压系统各电磁阀的控制等。主脐带缆的水面端与水面收放装置相连，水下端连接到中继器的定分线盒。经过定分线盒的转接，主脐带缆的一部分线束接入中继器电子舱中，其余的线束则与动分线盒相连接，动分线盒再将此线束连接到系缆上。中继器控制单元的具体组成如图 5.8 所示。

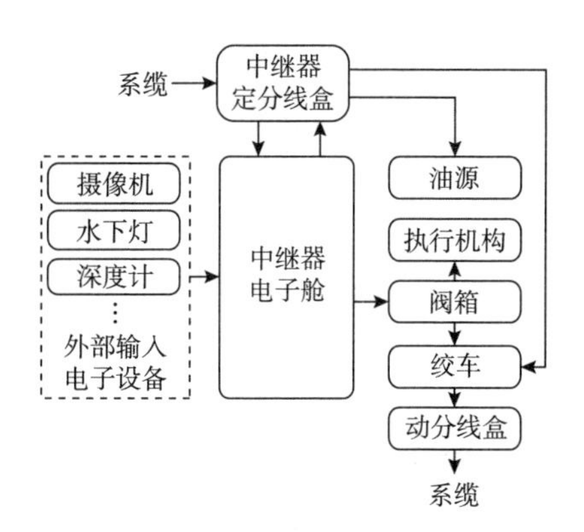

图 5.8 中继器控制单元组成

3. 水下载体控制单元

水下载体是“海星 1000”ROV 的水下作业平台，其控制系统主要负责水下各传感器信号(包括深度、高度、声呐、温度、漏水、补偿器位置等)的采集以及各种设备(包括机械手、水下灯、液压系统等)的控制。“海星 1000”ROV 水下控制单元主要包括分线盒、电子舱、阀箱等。分线盒内安装有变压器，将系缆中的高压交流电降压后为“海星 1000”ROV 水下载体的控制系统供电，具体组成如图 5.9 所示。

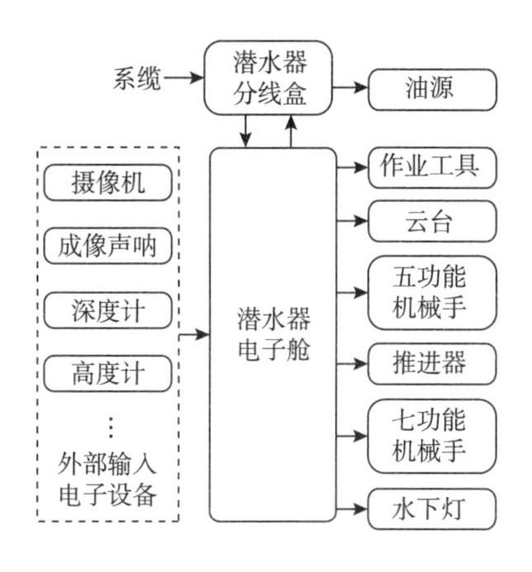

图 5.9 水下载体控制单元组成

4. 控制系统软件

控制系统软件由前台实时人机交互界面与后台实时控制软件两大部分组成。其中人机交互界面是载体作业操作人员、系统管理人员与控制系统交互信息的重要途径之一。操作人员通过这些界面显示的状态信息获知“海星 1000”ROV 水下载体和中继器等的当前工作状态，进一步还可通过参数配置界面为控制系统软件设置运行参数等。后台实时控制软件则从控制台上实时读取作业人员的操作指令，经程序处理后，输出到水下载体与中继器的执行机构上，实现对“海星 1000”ROV 的控制。

5.2.4 “海星 1000”ROV 收放系统

“海星 1000”ROV 的收放系统具有以下功能：

(1)可将 ROV 中继器和载体由母船甲板放至水中作业深度，并由水中回收至甲板。

(2)具有纵摇和横摇的缓冲措施，在收放过程中，减小对 ROV 的冲击，起到安全保护作用。

(3)液压单元可以根据要求对不同工况的负载和速度自动调节。

“海星 1000”ROV 收放系统包括：A 形门架、摆动架、主脐带缆绞车、液压动力单元和控制柜。其整体结构如图 5.10 所示。

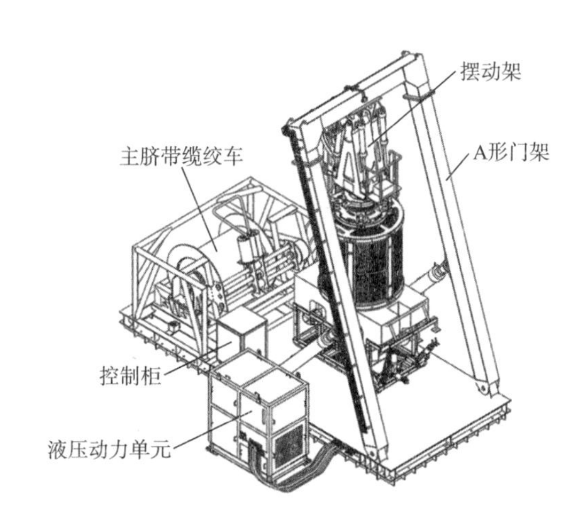

图 5.10 收放系统结构

A 形门架是“海星 1000”ROV 水下载体和中继器在收放过程中实现船舷内外移动的机构，是主要承载结构，在两个液压缸的驱动下实现在船舷内外的摆动。从支持母船甲板到船舷外海面都是 A 形门架的运动范围，完成将“海星 1000”ROV 从甲板放入水中和从水中收回到甲板上的功能。A 形门架同时也是 ROV 水下载体和中继器在船上放置的平台和工作区。

摆动架可以实现与中继器的对接联锁、“海星 1000”ROV 水下载体和中继器进入门架的方向调整、对母船纵摇和横摇运动的缓冲等功能。摆动架可以前后摆动，并在门架的摆动过程中保持铅垂状态，同时可以缓冲船舶纵摇产生的冲击；对接联锁装置能够左右摆动，在对接联锁装置与摆动架之间设置有横摇缓冲液压缸，用于缓冲船舶横摇产生的冲击。

主脐带缆绞车是"海星 1000" ROV 水下载体和中继器的起吊装置，通过收放主脐带缆将"海星 1000" ROV 施放到需要的作业深度或提升到水面。主脐带缆绞车横向安装在 A 形门架后部，其底座与 A 形门架底座连接成一个整体，固定在甲板基座上。主脐带缆绞车是收放系统的起升机构，同时也是主脐带缆的储存装置，能够将全部主脐带缆储存在绞车上。主脐带缆既是起吊缆，也是"海星 1000" ROV 载体和中继器的动力和信息通道，由母船向载体和中继器传输动力和控制信息，并由载体和中继器向母船传输信息。

液压动力单元是收放系统的动力单元，由电机驱动液压泵提供压力油，通过液压阀的控制，实现收放系统的全部运动功能。另外，液压动力单元配有海水冷却系统，在温度较高和长时间工作时，通过接通冷却水，可以降低油箱中液压油的温度。

控制单元采用计算机控制方式，是一个基于计算机的通信控制器、通信链路、数字量输入/输出模块和模拟量输入/输出模块等构建的分布式电液一体化控制系统，以可编程逻辑控制器（programmable logic controller，PLC）为控制核心，以控制单杆和开关实现对 A 形门架、摆动架、主脐带缆绞车的控制。

5.2.5 "海星 1000" ROV 动力分配系统

动力分配系统是"海星 1000" ROV 的动力分配中心，载体及作业工具系统、中继器系统、水面收放系统、控制系统的配电均要通过动力分配系统完成。"海星 1000" ROV 的动力分配系统包括接地保护、绝缘监视、漏电保护、相序保护、联动互锁，以及电压、电流、功率的检测与监视等。

动力分配单元主要由动力源、低压柜、中压柜、变压器以及远程控制等几个部分组成。动力分配系统的动力来源是船电，考虑到船上的用电安全，进入动力分配单元的电源所有导体都不接地。变压器柜的主要功能是将 380VAC 的船电升压到 3000V 以上的高压，然后通过甲板缆、主脐带缆输出给"海星 1000" ROV。绝缘监视仪对水下设备供电回路进行实时在线监测。水下电机和水下电子设备的分断、保护设备以及指示仪表等安装在低压柜中，供配电的控制和数据采集在低压柜中完成。动力分配系统中央控制单元接收来自动力分配系统面板的按钮、开关等信号，实现电机的起/停控制功能。此外，低压柜可以对输入电源的电压、电流、频率等信息进行监测，也可通过绝缘监测仪实时监测线路的绝缘情况。

5.3 本章小结

本章以我国自主研发的 1000m 作业型 ROV——“海星 1000”ROV 为典型案例，综述了其系统组成和主要功能，介绍了采用中继器配置模式的液压驱动作业型 ROV 的具体作业流程和特点，并分别从水下载体及作业工具系统、中继器系统、收放系统、控制系统和动力分配系统等几个方面详细阐述了各分系统的具体构成和实际功能，有助于读者对配有中继器模式的液压驱动作业型 ROV 的系统了解和认识。

6

6000m 遥控水下机器人案例

6.1 “海星 6000”ROV 系统概述

“海星 6000”ROV 是我国自主研发的 6000m 级深海科考 ROV(图 6.1)，采用电动驱动方式，是当前无中继器模式 ROV 的典型代表，主要用于深海近海底海洋环境调查、生物多样性调查、新物种发现、极端环境原位探测和深海矿产资源调查等深海科考工作，可对我国全部领海进行科考作业和紧急情况保障，工作覆盖面积占全球海域 95%以上。

图 6.1 “海星 6000”ROV

6.2 “海星 6000”ROV 系统组成

“海星 6000”ROV 的系统组成如图 6.2 所示。“海星 6000”ROV 主要由 ROV

水下载体和作业工具系统、控制系统、动力与辅助系统、水面收放系统等组成，并配备了运载平台用于提升运载能力，工具间用于存放工具与备件。按照水面支持、水下作业的逻辑划分，“海星 6000” ROV 可划分为水面支持系统与水下系统两大部分。

“海星 6000” ROV 系统采用无中继器的配置模式，水下载体通过主脐带缆直接与水面收放系统相连接，主脐带缆起着物理连接、能源供给与信息传输等作用。水下载体作为科学研究和探测设备的运载平台，可搭载深海科考设备在海底针对目标点进行定点探测，或者在目标点附近布放科考设备。“海星 6000” ROV 水下载体配有动力推进单元、控制系统水下单元、观测和监视设备、水下机械手等。ROV 载体一端与主脐带缆相连，水面控制间通过主脐带缆向水下载体传输动力和控制指令，水下载体通过主脐带缆向控制间传送其运动状态、摄像机图像、声呐信号及各种传感器数据。在水面控制间内操作人员的操纵控制下，进行“海星 6000” ROV 水下载体的运动控制和作业工具的操作作业。

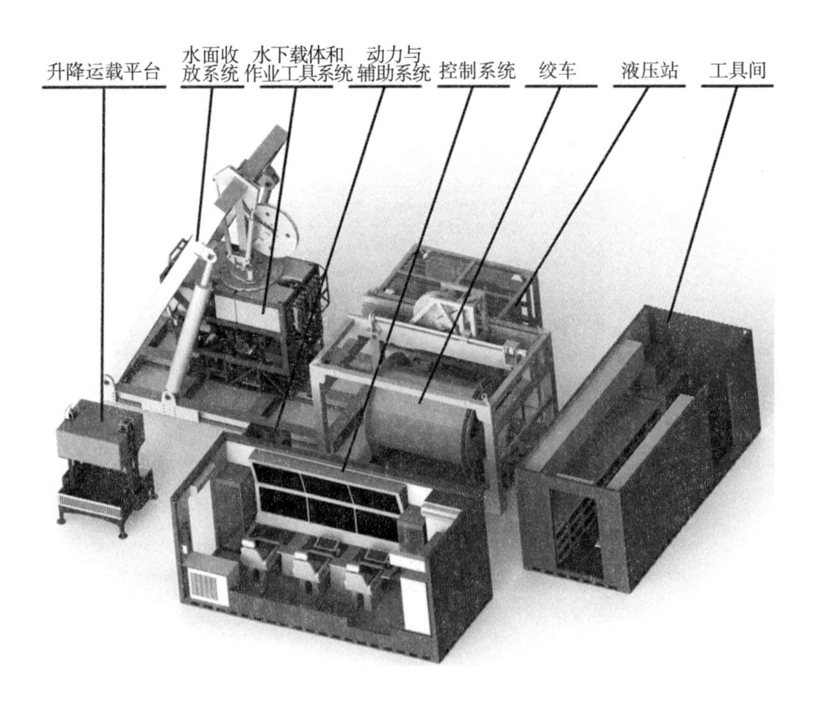

图 6.2　“海星 6000” ROV 系统组成

6.2.1　“海星 6000” ROV 水下载体系统

“海星 6000” ROV 水下载体系统（图 6.3）依据功能可划分不同的单元模块，

分别为主体框架单元、作业托架单元、动力推进单元、液压动力单元、水下控制单元、照明摄像单元等。“海星 6000”ROV 的主要技术参数如表 6.1 所示。

图 6.3 “海星 6000”ROV 水下载体系统

表 6.1 “海星 6000”ROV 的主要技术参数

系统名称	技术参数		参数值
总体	总体尺寸	长/m	3.2
		宽/m	1.6
		高/m	2.6
	最大工作深度/m		6000
	空气中重量/kg		3200
	有效载荷/kg		150
系泊推力	纵向推力/kgf		220
	侧向推力/kgf		180
	垂向推力/kgf		205
自动控制精度	定深精度/m		±0.2
	定高精度/m		±0.2
	定向精度/(°)		±2

注：1kgf=9.80665N

“海星 6000” ROV 的主体框架采用开架式结构，由铝合金型材焊接而成，上置浮力材，为遥控水下机器人本体提供浮力。采样托架主要用来搭载不同的作业工具，包括机械手、生物采样箱、沉积物取样器、回转生物吸样器等。采样托架框架采用铝合金型材焊接而成，托架底面上设置有采样托盘，托盘上放置生物采样箱、沉积物取样器阵列，通过伸缩油缸可将托盘沿轨道推出和收回，与机械手配合完成采样工作。

动力推进单元为“海星 6000” ROV 水下载体的前进后退、左右侧移、水平转向、下潜上浮等运动提供动力，由 4 台水平推进器和 3 台垂直推进器组成。4 台水平推进器采用矢量布置的结构形式，分别安装在主框架下部的左前、右前、左后、右后 4 个位置上，与载体的纵向轴线呈 45° 布置，用于载体的前进、后退、左右侧移和转向的驱动和控制。垂直方向布置 3 台推进器，用于“海星 6000” ROV 的下潜上浮驱动和控制。“海星 6000” 具备一定的纵倾、横滚运动能力。

照明摄像单元主要用于监视“海星 6000” ROV 的水下作业，拍摄海底生物及环境的高清视频，并为 ROV 的水下运动、采样作业等提供照明支持。照明摄像单元主要位于 ROV 前部，总体布局如图 6.4 所示。“海星 6000” ROV 共配备 7 台水下灯，分别位于前框架和下框架，前框架水下灯主要为 ROV 前下方机械手作业区域提供照明，下框架水下灯主要用于前视照明。3 台普通水下灯可调节亮度，布置于科学家高清摄像机云台的两侧，为科学家高清摄像机提供照明支持。此外，还在采水瓶框架及采样托架内各布置 1 台普通水下灯，为采水瓶及采样托架工具摄像提供照明支持。

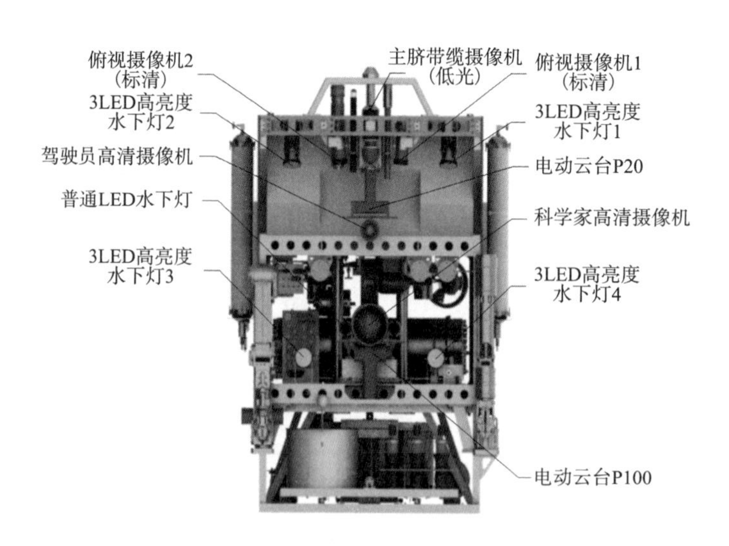

图 6.4　照明摄像单元总体布局(见书后彩图)

“海星 6000”ROV 配备了 2 台高清摄像机、2 台标清摄像机以及 4 台低光摄像机，如图 6.5 所示。高清摄像机分为科学家高清摄像机和驾驶员高清摄像机。科学家高清摄像机布置于下框架，主要用于拍摄科考过程中深海高清生物及海底环境的高清视频，可为科学家研究提供高质量视频资料；驾驶员高清摄像机布置于前框架，主要为 ROV 操作员提供海底高清视频信息，可使 ROV 操作员驾驶 ROV 作业过程中获得更好的视觉体验，同时便于 ROV 操作员进行海底的精细操作。2 台标清摄像机布置于前框架，用于俯拍监视采样托架内及机械手作业情况。4 台低光摄像机分别用于观察主脐带缆水下状态、采样托架内工具工作状态，辅助观察机械手及采水瓶工作状态。

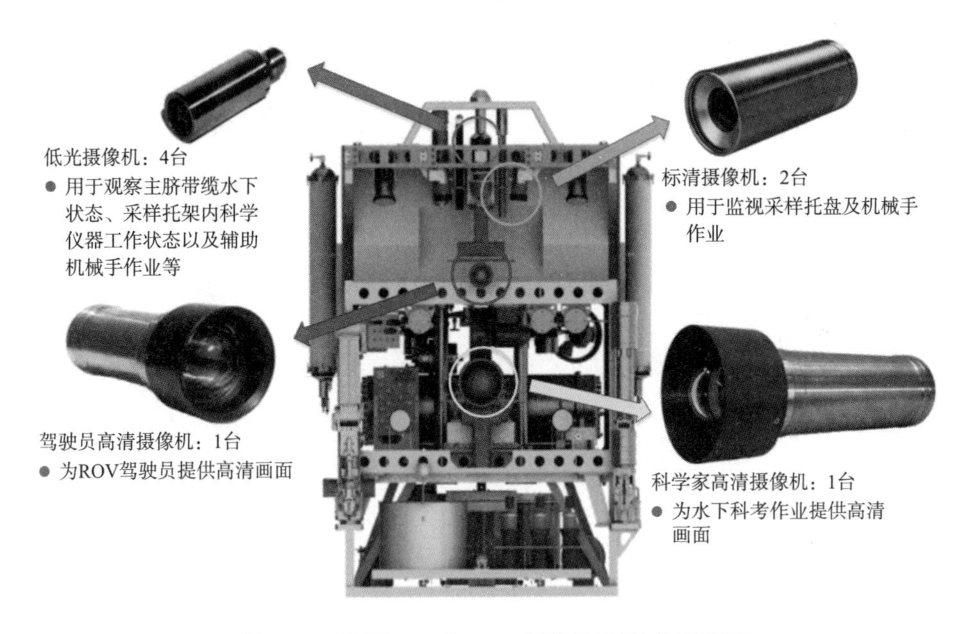

图 6.5 “海星 6000”ROV 摄像单元(见书后彩图)

6.2.2 “海星 6000”ROV 控制系统硬件

“海星 6000”ROV 控制系统通过水面操控设备完成对水下载体和作业工具的操控，并将水下载体的相关信息在水面控制界面上显示出来。“海星 6000”ROV 控制系统按位置可划分为水面控制单元与水下控制单元，如图 6.6 所示。

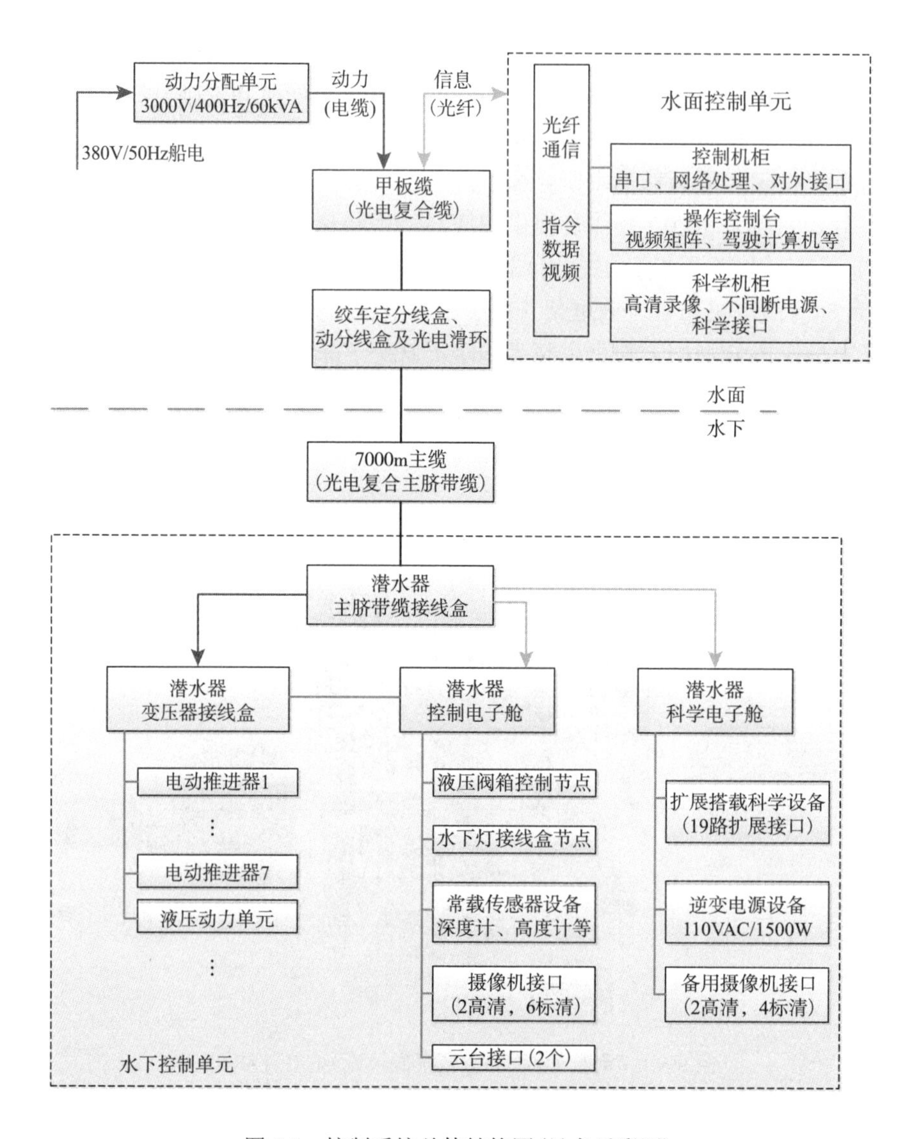

图 6.6　控制系统总体结构图(见书后彩图)

水面控制单元主要包含控制机柜、操作控制台、科学机柜三个部分，能够实现水下视频、设备状态数据的显示，操作人员通过操作控制台上的单杆、按钮等设备实现对“海星 6000”ROV 的控制。水面控制单元主要设备均安装在水面控制间内，通过收放系统设计选用的甲板缆、绞车定分线盒、动分线盒、光电滑环以及 7000m 主脐带缆与水下控制单元之间进行动力与信息传输。水面控制间内设备布置如图 6.7 所示。

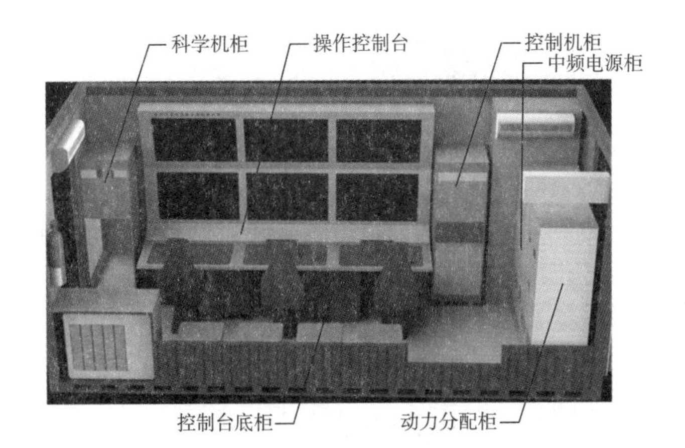

图 6.7　水面控制间内设备布置示意图

控制机柜是控制系统的主控机柜，与“海星 6000”ROV 水下载体的控制舱通过光纤连接，能够处理水下传输上来的视频及数据信息，并将操作控制台发出的控制指令传输到水下控制单元，实现对水下载体的操纵。科学机柜用于处理水下科学电子舱传到水面的各种视频及数据信息。操作控制台除了能够对 ROV 水下载体进行操纵，还装有视频显示矩阵以及视频切换设备，能够根据操作人员的需要对视频显示进行切换，满足不同作业状态下对视频显示的不同需要。

水下控制单元分布在“海星 6000”ROV 主脐带缆接线盒、变压器接线盒、控制电子舱、科学电子舱、液压阀箱、水下灯接线盒等部件内部。水下控制单元还包含遥控水下机器人上配备的传感器及其他搭载的科学考察设备接口。

控制系统水下单元由遥控水下机器人上各电气控制设备及传感器组成。其核心设备包括变压器接线盒、控制电子舱与科学电子舱。其余设备均为受控节点或传感设备。变压器接线盒为遥控水下机器人提供全部的电能供应，控制电子舱与科学电子舱负责采集、控制(或间接控制)“海星 6000”ROV 水下载体与这两个舱相连接的全部电气设备和传感器。

水面控制设备通过主脐带缆与水下单元相连接，主脐带缆水面端连接到水面控制设备，水下端则连接到主脐带缆接线盒，在接线盒中首先进行动力线束与光纤线束分离，动力线束连接至变压器接线盒中，光纤线束则分别连接至控制电子舱与科学电子舱中。变压器接线盒负责整个“海星 6000”ROV 水下载体的电力供应，其与控制电子舱之间连接有供电线束与控制线束。控制系统软件可以通过控制电子舱向变压器接线盒中施加控制指令以给其他各设备供电，如科学电子舱、推进器、液压动力单元等。

控制电子舱与科学电子舱从变压器接线盒获得动力，通过光纤与水面控制单元建立通信，能够执行水面单元发来的控制指令，给各连接设备供电，并采集各连接设备的数据向水面发送。两个电子舱均具有视频、网络、串行接口，并能够与水面单元进行通信，实现对“海星 6000”ROV 的远程控制。

6.2.3 “海星 6000”ROV 控制系统软件

“海星 6000”ROV 控制系统软件采用模块化设计，按功能进行划分，主要包括：网络通信模块、公共数据区、航行控制、操作控制、导航定位、故障诊断、显示模块、驾驶及显示等。其功能划分及数据流程如图 6.8 所示。

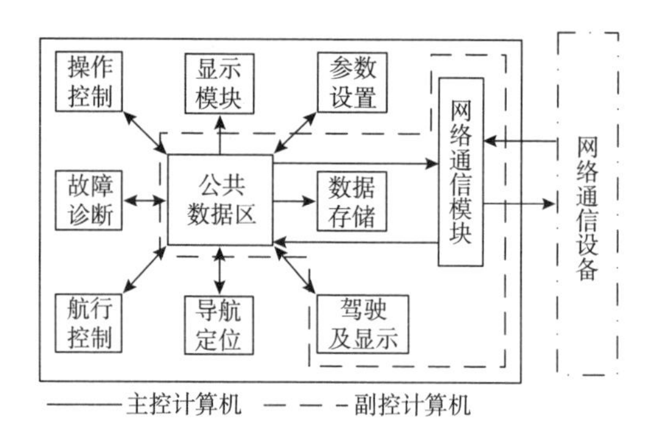

图 6.8　控制系统软件功能划分及数据流程

“海星 6000”ROV 控制系统软件主、副驾驶界面如图 6.9 和图 6.10 所示，主驾驶监视界面显示关键的导航与状态信息，主要包括深度、高度、航向、姿态、速度、收放缆、报警、自动控制指示、母船支持等信息，操作人员主要依据该界面信息对 ROV 进行操控，是重要的人机交互界面之一。

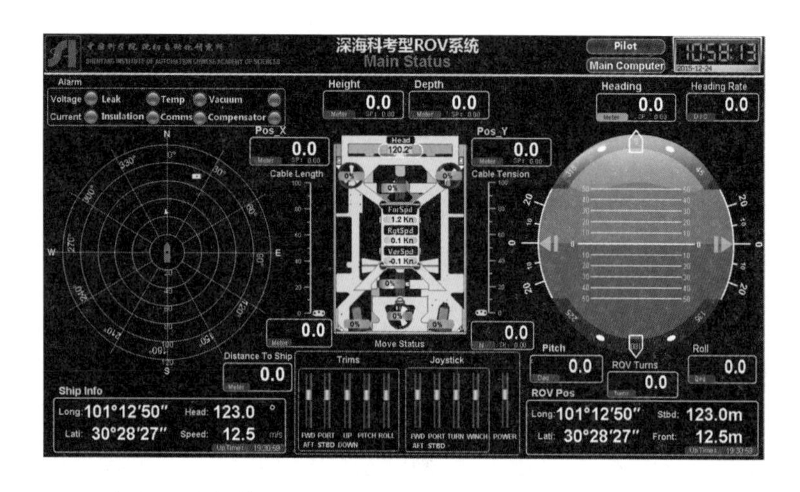

图 6.9　主驾驶监视界面(见书后彩图)

图 6.10 副驾驶监视界面(见书后彩图)

副驾驶监视界面主要对能源、漏水、绝缘、温度、真空度、通信、补偿器与位置、压力八类信息进行监控，为主驾驶监视界面的扩展与补充，亦为重要的人机交互界面之一。

6.2.4 “海星 6000”ROV 水面收放系统

“海星 6000”ROV 的水面收放系统担负着将 ROV 水下载体由母船甲板施放到水中作业深度的任务，同时还承担着水面到水下载体的动力和信息传输任务。为保证“海星 6000”ROV 的正常作业，要求收放系统能够安全、可靠、迅速地施放和回收 ROV。

“海星 6000”ROV 的水面收放系统与“海星 1000”ROV 的收放系统类似，主要由 A 形门架、绞车、液压动力单元和控制柜等组成，结构形式如图 6.11 所示。

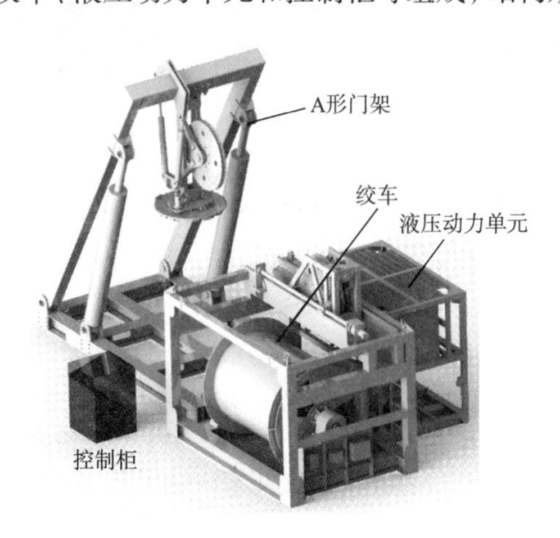

图 6.11 收放系统结构示意图

收放系统绞车最大出缆速度为65m/min(绞车最外层缆)。收放系统在A形门架的前端设计有一个固定的操作台，且在 ROV 控制间操作手附近安装了有线连接的绞车操作盒。

6.3 “海星6000”ROV科考作业案例

6.3.1 2017年综合海试

“海星6000”ROV系统于2017年9月开展第一次海上综合试验。本次海试的目的是通过由浅海试验至深海试验的过程，最终完成6000m深度级别的海上试验，全面考核遥控水下机器人功能、性能指标，并视情况开展一定水下样品采集、原位要素测量、环境观测摄像等科学考察任务。针对“海星 6000”ROV 系统对供电、动力定位和吊放设备等的要求，选定“海洋石油623船”作为支持母船开展海上试验。“海星6000”ROV在“海洋石油623船”母船上布放、回收场景如图6.12所示。

图6.12 “海星6000”ROV布放、回收场景

在为期12天的海试中，“海星6000”ROV共完成了7个潜次试验，下潜记录如表6.2所示。其中，完成了2个6000m级潜次，第7潜次最大下潜深度达到了5611m，海底作业时间累计约15小时6分钟。ROV在深水中的定向、定深、定高航行能力和高精度水声定位能力、观测能力、通信能力、海底作业能力等主要性能指标和功能得到了全面验证。在技术潜次中也开展了一定的科学考察任务，利用自主研发的深海机械手和个性化科考工具进行了大量的作业，包括在海底布放标志物、采集水样和海底沉积物、底栖生物观察、生物和岩石采集等科考工作，取得了大量珍贵的样品和数据。

表 6.2 “海星 6000”ROV 海试下潜记录表

潜次	日期	下潜时刻	达到海底时刻	上浮时刻	下潜深度/m	坐底时间	作业情况
1	9 月 17 日	9:15	9:30	10:26	255	56 分钟	(1) 沉积物 1 管、近底海水 12.5L (2) 对海底地貌和海底生物进行观察
2	9 月 21 日	9:24	10:23	14:55	1702	4 小时 32 分钟	(1) 岩石样品 2 块、近底海水 12.5L (2) 对海底地貌和海底生物进行观察
3	9 月 22 日	9:40	12:07	14:05	3407	1 小时 58 分钟	(1) 沉积物 2 管、生物样品 1 只、近底海水 12.5L (2) 对海底地貌和海底生物进行观察
4	9 月 23 日	8:53	11:41	12:15	4569	34 分钟	(1) 4569m 海底放置标志物 (2) 对海底地貌和海底生物进行观察
5	9 月 24 日	9:49	13:10	15:26	4613	1 小时 16 分钟	(1) 沉积物 1 管、近底海水 12.5L (2) 对海底地貌和海底生物进行观察
6	9 月 25 日	9:28	13:47	16:04	5597	2 小时 17 分钟	(1) 近底海水 12.5L (2) 对海底地貌和海底生物进行观察
7	9 月 27 日	6:34	9:45	13:18	5611	3 小时 33 分钟	(1) 沉积物 2 管、近底海水 12.5L (2) 对海底地貌和海底生物进行观察

“海星 6000” ROV 第一次海试于 2017 年 9 月 30 日圆满完成，海试过程中水面控制间内场景如图 6.13 所示，海底作业场景如图 6.14、图 6.15 所示。“海星 6000” ROV 在加瓜海脊海域 6 个技术潜次中获取了 1702～5611m 不同深度的生物与海底地貌观测影像，累计拍摄海底高清视频 29 小时 6 分钟，拍摄到多种深海生物视频影像，包括海参、珊瑚、海星以及部分尚待鉴定物种。利用自主研发的机械手采集了 3407～5611m 不同深度海底沉积物样品 5 管，其中 2 管取自 6000m 级深度，取得生物包括海参、海星珊瑚和岩石样品若干，使用自动采水装置获取了 2000m 级、4000m 级和 6000m 级系列海水样品 50L，其中 6000m 级深度单次水样采集超过 10L。

图 6.13 海试过程中水面控制间内场景

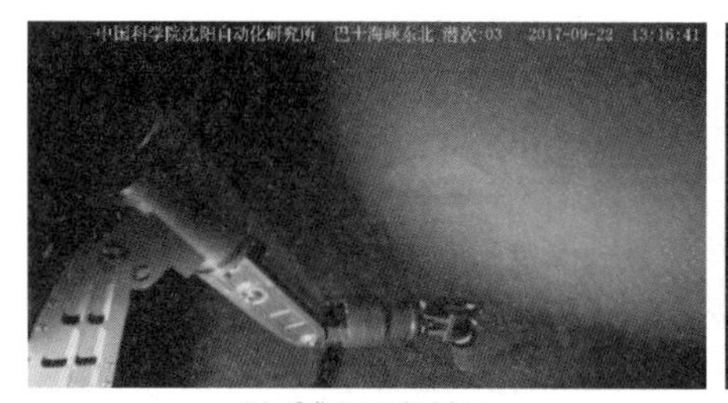

(a)采集沉积物样品

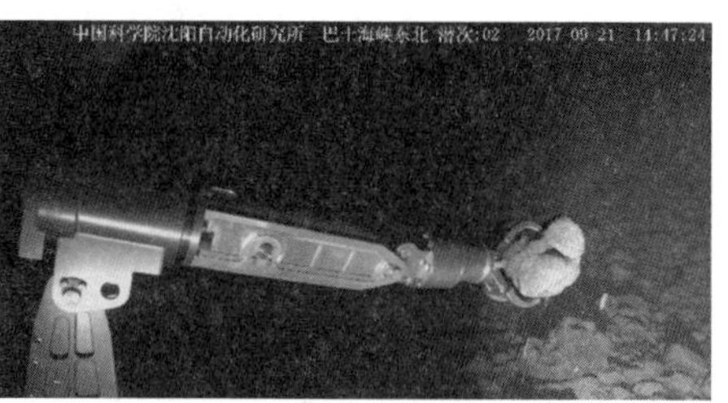

(b)采集岩石样品

(c)机械手抓取海星

(d)观测海底生物

图 6.14　海底观测与样品采集

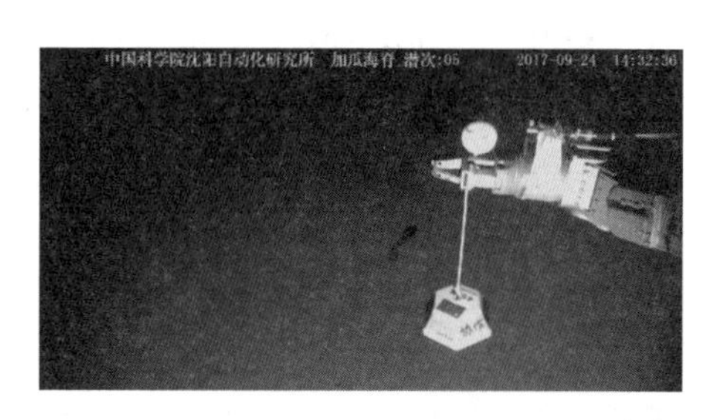

图 6.15　“海星 6000”ROV 在加瓜海脊 6000m 级海底布放永久性标志物

6.3.2　2018 年综合科考应用

1. 概述

“海星 6000”ROV 系统于 2018 年 10 月开展首次综合科考应用，此科考应用航次由中国科学院沈阳自动化研究所组织，多家单位的冷泉宏生物、深海微生物及深海地质等领域的科学家参与，历时 26 天，主要分为以下三个阶段。

第一阶段，“海星 6000”ROV 与“冷泉”号着陆器和拉曼光谱仪等协同完成了冷泉区科考工作。“海星 6000”ROV 完成对着陆器的搜寻、精准移位与协同观测，天然气水合物的原位收集与拉曼光谱仪原位探测，冷泉区水样原位过滤固定，以及宏生物、沉积物与水样的采集等。

第二阶段，在中国台湾东部海域开展的6000m级潜次中，“海星6000”ROV在海底连续工作3小时，完成了6000m近海底精细航行观察、生物调查、海底特征表层沉积物获取、泥样和水样采集、模拟黑匣子搜索打捞、标志物放置等，最大工作深度6001m，创造了我国ROV最大潜深的纪录。

第三阶段，在加瓜海脊海域开展的2000m级科考应用潜次中，“海星6000”ROV 一天内完成了三个不同底质位点的岩石、水样采集工作，下潜深度分别为1700m、2100m和2200m，获取岩石样品分别为190kg、106kg和80kg，最大单体岩石重量61kg。连续大强度的科考作业，进一步验证了该水下机器人的稳定性和可靠性。

2. 科考应用典型案例

1)冷泉宏生物采样

在中国南海台湾西南冷泉区，利用“海星6000”ROV获得冷泉原位大型生物及环境要素信息。用ROV机械手回收了2018年8月投放的幼体捕获器，捕获冷泉优势物种平端深海偏顶蛤、柯氏潜铠虾、铠甲虾、黄金螺等常见冷泉物种；通过吸样器获得阿尔文虾、柯氏潜铠虾；同时通过ROV搭载的McLANE滤水装置获得冷泉喷口区水样，在冷泉群落周围操作沉积物取样器获得冷泉周围沉积物样品。

利用以上样品拟对获得的冷泉区生物样品进行生理生化指标分析，对冷泉喷口区的水样、沉积物进行生理生化参数分析，获得其基本生理生化参数，期望通过上述实验结果分析发现深海冷泉区生物与其他生态系统中相似物种的差异，阐明冷泉区生物对深海化能生态系统的适应过程及机制。

2)冷泉激光拉曼原位测量

在冷泉区，“海星6000”ROV搭载国内首套探针式深海激光拉曼光谱探测系统对天然气水合物进行了原位拉曼光谱探测，获取了27条原位拉曼光谱数据，为解析冷泉喷口流体的快速水合物生成机理及其对周围环境的影响等具体的科学问题提供数据支持和参考。初步的原位拉曼光谱数据分析表明，快速生成的天然气水合物大小笼的笼占比约为1，由此可以推断生成的天然气水合物为Ⅰ型水合物；同时原位拉曼光谱数据中气态甲烷的拉曼峰表明快速生成的天然气水合物内部含有大量的游离态甲烷。激光拉曼原位测量场景如图6.16所示。

(a)水合物原位收集

(b)天然气水合物拉曼原位测量

图 6.16　冷泉激光拉曼原位测量场景

3)深海微生物采样

通过“海星 6000”ROV 系统携带的采水瓶和沉积物取样器设备，利用在冷泉区、巴士海峡、加瓜海脊及冲绳海槽等海域的 9 次下潜，共获得 7 个不同深度的体积大于 20L 的常规水体样品(图 6.17)和 4 个不同深度的长度大于 20cm 的沉积物柱状样品(图 6.18)。

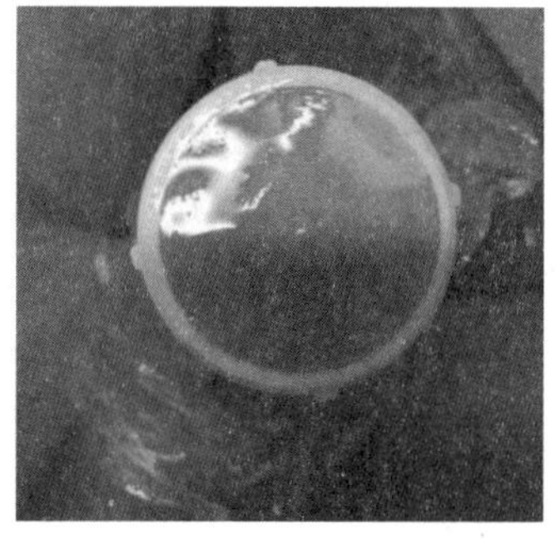

图 6.17　本航次采集到的常规水体后富集滤膜

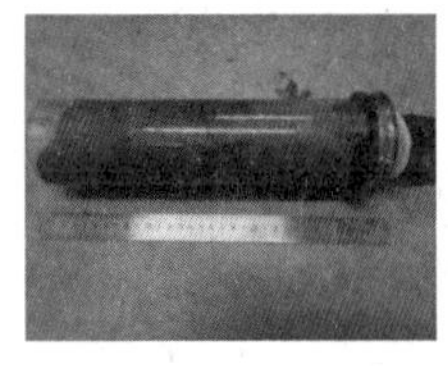

图 6.18　本航次采集到的沉积物样品

以冷泉区、巴士海峡、加瓜海脊及冲绳海槽等海域深度 1000～6000m 的微生物群落及主要优势微生物菌群为主要探究对象，利用生物信息学方法分析这些海域不同深度的微生物群落多样性及微生物活性变化。

(1) 探究冷泉区、巴士海峡、加瓜海脊及冲绳海槽海域不同深度常规水体和沉积物样品中的微生物群落组成及环境变化引起的微生物群落结构变化。

(2) 分拣冷泉区、巴士海峡、加瓜海脊及冲绳海槽海域不同深度常规水体和沉积物样品中的优势微生物菌群。

(3) 通过生物信息学方法绘制优势微生物菌群的高质量基因组草图，利用生物学数据库对其进行功能分析、代谢通路解析，全面剖析其在深海适应过程中的适应机制，以及探究其在全球 C、N、S 等物质循环过程中发挥的作用。

4) 深海地质科考应用

利用“海星 6000” ROV 系统的 9 个潜次，在中国南海台湾西南冷泉区、加瓜海脊等区域进行了岩石取样，其中在加瓜海脊完成的 4 个潜次，共获取岩石样品总重约 600kg，主要为玄武岩、铁锰结壳和铁锰结核、浮岩及碳酸岩，部分样品图片见图 6.19。

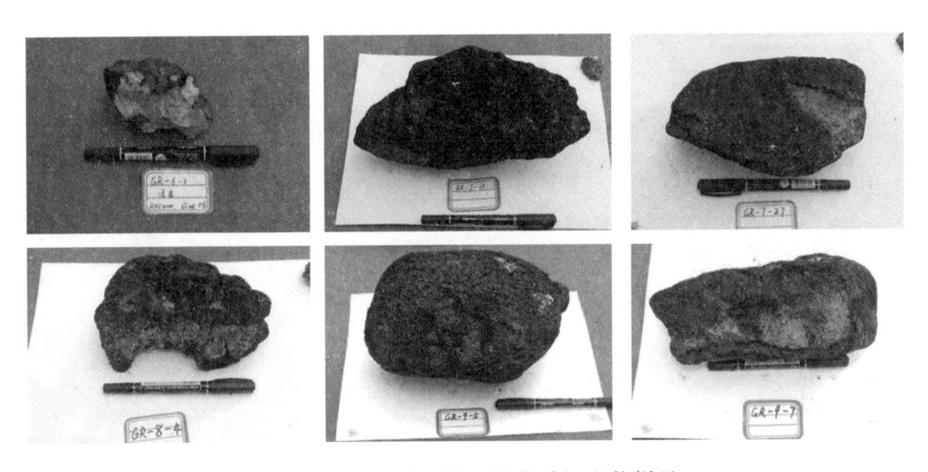

图 6.19　本航次采集到的部分沉积物样品

加瓜海脊岩石样品对认识西太平洋加瓜海脊的底质物质组成，揭示加瓜海脊岩浆源区性质、年代和成因机制具有重要意义。同时，加瓜海脊是西菲律宾海盆和花东海盆的边界，研究加瓜海脊的成因及岩石样品的组成对于理解花东海盆的地球动力过程和菲律宾海板块的构造演化也具有重要意义。

6.4　本章小结

本章以我国自主研发的 6000m 深海科考 ROV——“海星 6000” ROV 系统为典型案例，综述了其系统组成和主要功能，介绍了无中继器配置、电动驱动的 ROV 的系统组成和特点。分别从水下载体系统、控制系统、收放系统等几个方面详细阐述了各分系统的具体构成和实际功能。结合两次科考应用，全面展示了“海星 6000” ROV 系统的实际科考流程、综合作业能力和取得的科考成果，有助于读者对无中继器模式、电动驱动 ROV 系统及 ROV 深海科考作业的了解和认识。

索引

彩　　图

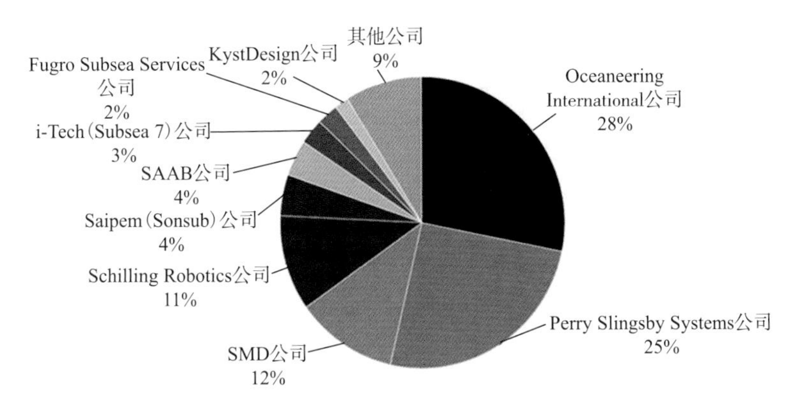

图 1.14　各 ROV 公司产品市场占有份额

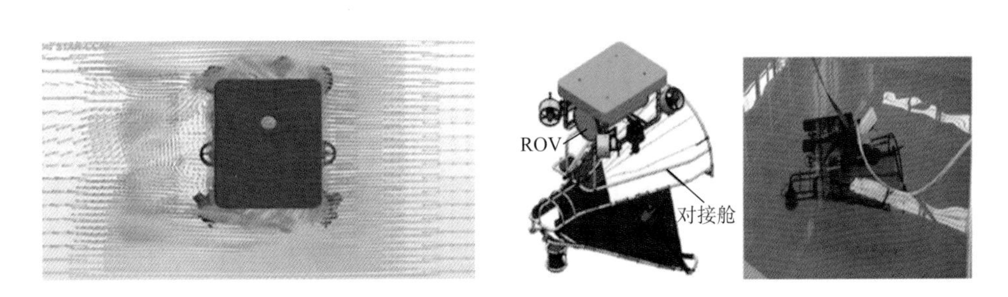

图 2.2　ROV 的 CFD 仿真及运动控制

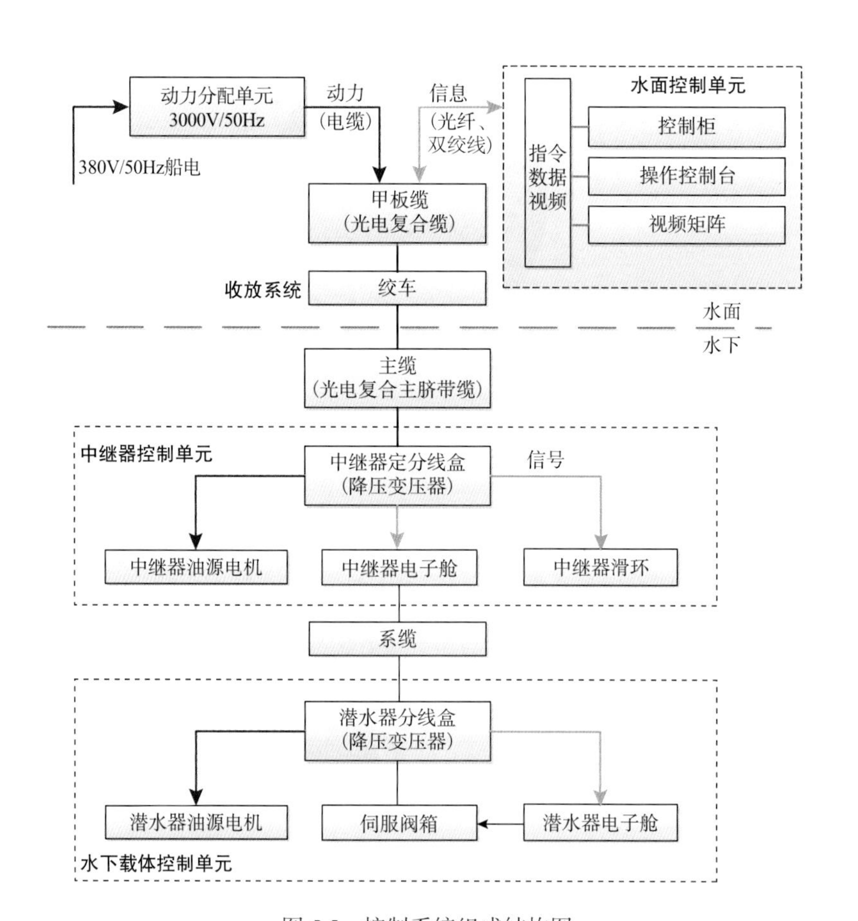

图 5.5　控制系统组成结构图

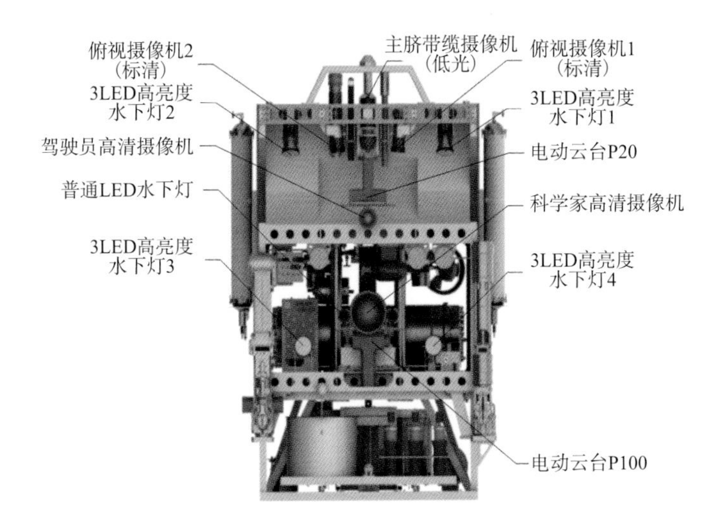

图 6.4　照明摄像单元总体布局

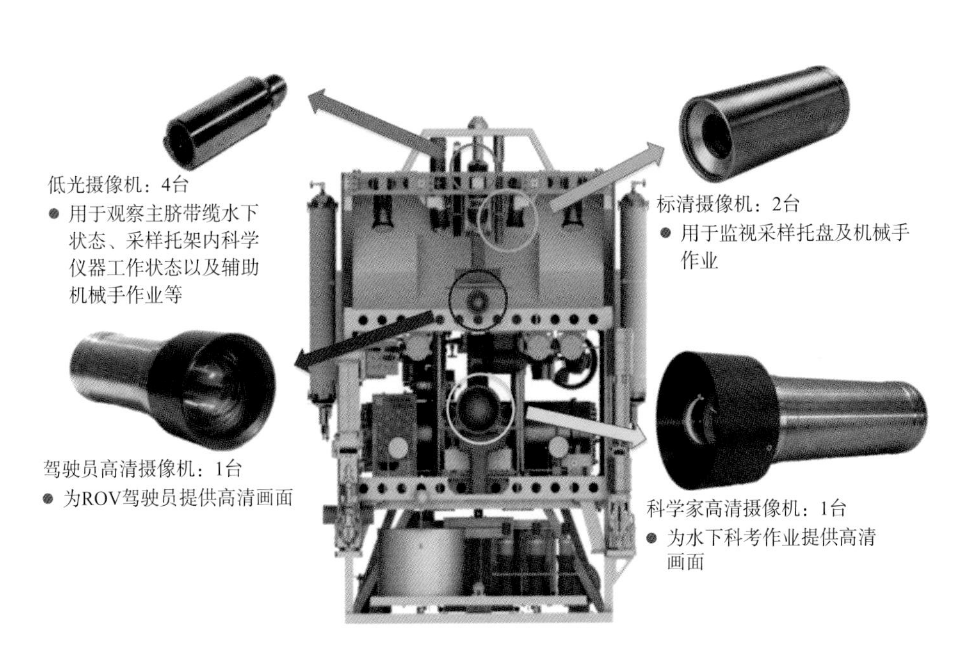

图 6.5　“海星 6000”ROV 摄像单元

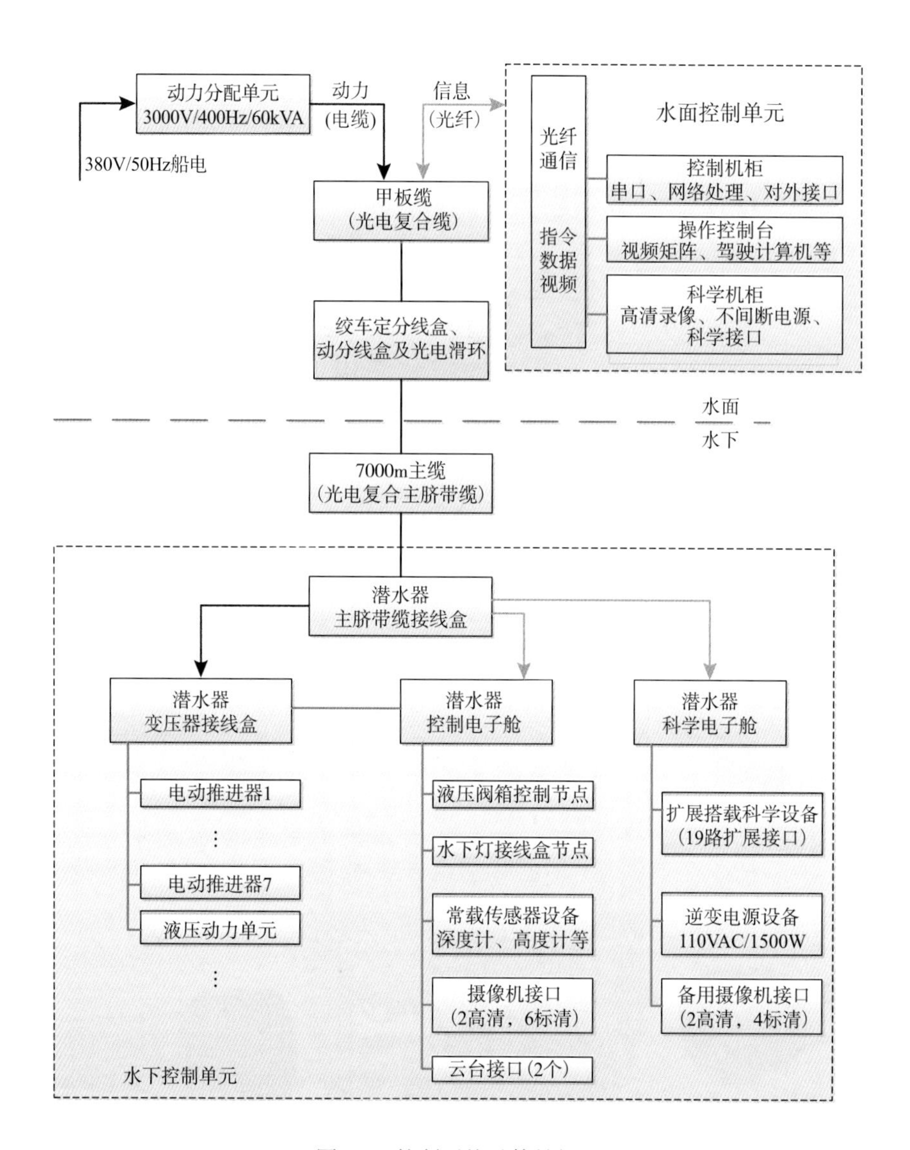

图6.6 控制系统总体结构图

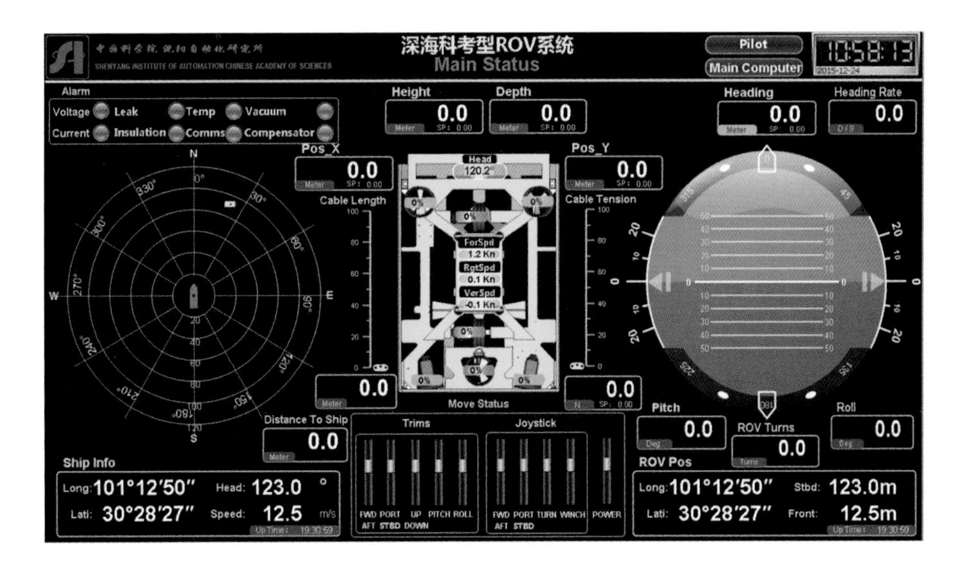

图 6.9 主驾驶监视界面

图 6.10 副驾驶监视界面